教科書ワーク　もくじ

全教科書対応
文章題・図形6年

① 線対称な図形 (1)
基本のワーク

答え 1ページ

やってみよう

☆ 右の図形は線対称な図形です。

❶ 点Cと対応する点はどれですか。

❷ 辺HGと対応する辺はどれですか。

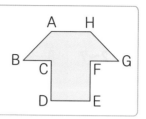

とき方 １つの直線を折り目にして折り返したとき，直線の両側の部分がぴったり重なる図形を [　　　　　] な図形といい，折り目の直線を [　　　　　] といいます。

　線対称な図形で，折り返したときに重なり合う点，辺，角を，それぞれ対応する点，対応する辺，対応する角といいます。

　線対称な図形では，対応する辺の長さや対応する角の大きさは，それぞれ等しくなっています。

たいせつ

線対称な図形を調べるときは，まずはじめに**対称の軸**をさがしましょう。

対称の軸

答え ❶ 点 [　　] ❷ 辺 [　　]

---

1 次の⑦〜⑨の図形のうち，線対称な図形はどれですか。すべて選びましょう。

⑦ 　　　⑦ 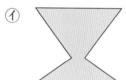　　　⑨

（　　　　　　　　）

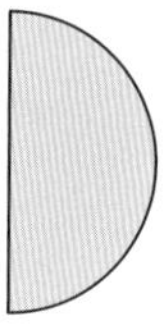

2 右の図形は線対称な図形です。

❶ 点Bと対応する点はどれですか。

（　　　　　　　）

❷ 辺BCと対応する辺はどれですか。

（　　　　　　　）

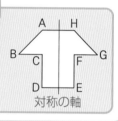

まず，対称の軸を見つけよう！

❸ 角Dと対応する角はどれですか。

（　　　　　　　）

3 右の図形は線対称な図形です。角Bの大きさは何度ですか。

（　　　　　　　）

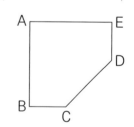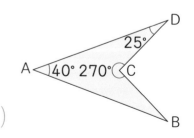

ポイント 線対称な図形は対称の軸によって2つの合同な図形に分けられます。
対称の軸をさがすには，2つの合同な図形ができるような同じ形の部分に着目します。

② 線対称な図形 (2)
基本のワーク

答え 1ページ

やってみよう

☆ 右の図形は線対称な図形です。対称の軸はそれぞれ何本ありますか。

とき方 対称の軸は，1本だけとは限りません。折り返した部分がぴったり重なるような折り方が何通りかあるとき，それぞれの折り目が対称の軸です。

さんこう

線対称な図形では，対応する点を結ぶ直線は，対称の軸と垂直に交わります。また，この交わる点から対応する点までの長さは，それぞれ等しくなっています。

❶ 長方形   ❷ 正方形

❶ 長方形   ❷ 正方形

答え ❶ 本   ❷ 本

---

① 次の図形は線対称な図形です。対称の軸はそれぞれ何本ありますか。

❶ 正三角形

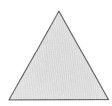

❷ ひし形

(   )   (   )

② 右の図形は線対称な図形で，直線AHは対称の軸です。

❶ 直線BG と直線AH はどのように交わっていますか。

(   )

❷ CJ と FJ の長さはどうなっていますか。

(   )

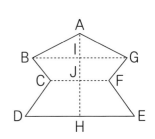

③ 下の図形は線対称な図形の半分をかいたもので，直線ABは対称の軸です。残りの半分をそれぞれかきましょう。

❶

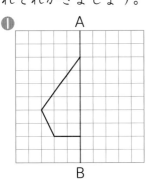

❷

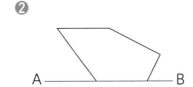

図形の頂点から直線ABに垂直に交わる直線をひくと，対応する点はその直線上にあるよ。

ポイント 線対称な図形と対称の軸の性質をよく理解しておきましょう。
対称の軸は，対応する2点を結ぶ直線を垂直に2等分する直線です。

3

勉強した日　　月　　日

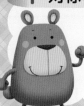

③ 点対称な図形(1)

基本のワーク

答え 1ページ

やってみよう

☆ 右の図形は点対称(てんたいしょう)な図形です。

❶ 辺BCと対応する辺はどれですか。

❷ 角Dと対応する角はどれですか。

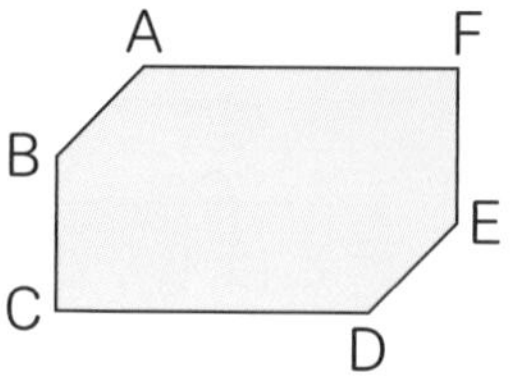

とき方 1つの点のまわりに180°回転させたとき，もとの形にぴったり重なる図形を［　　　　］な図形といいます。また，この点を［　　　　　　］といいます。

点対称な図形で，対称の中心のまわりに180°回転したときに重なり合う点，辺，角を，それぞれ対応する点，対応する辺，対応する角といいます。点対称な図形では，対応する辺の長さはそれぞれ等しく，また，対応する角の大きさもそれぞれ等しくなっています。

答え ❶ 辺［　　］　❷ 角［　　］

たいせつ

点対称な図形を調べるときは，対称の中心をさがしましょう。

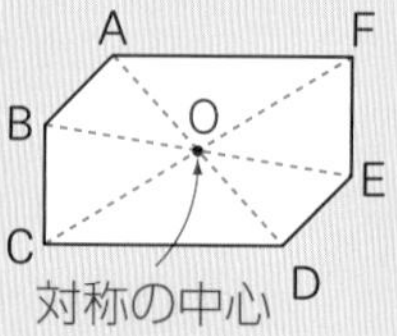

1 次の㋐～㋒の図形のうち，点対称な図形はどれですか。すべて選びましょう。

㋐
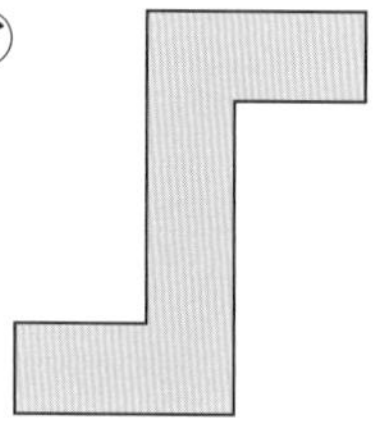

㋑
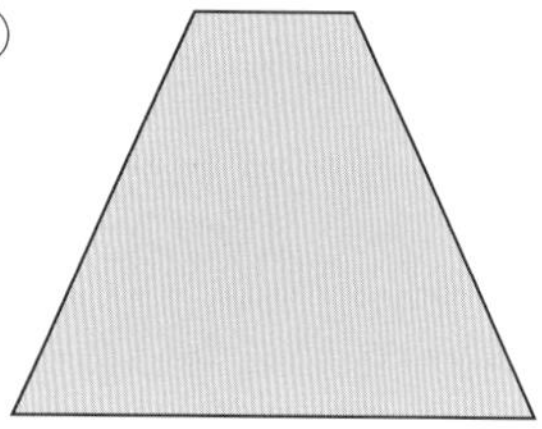

㋒
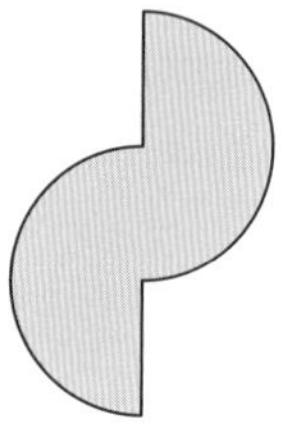

（　　　　　）

2 右の図形は点対称な図形です。

❶ 点Bと対応する点はどれですか。

（　　　　　）

❷ 辺DEと対応する辺はどれですか。

（　　　　　）

❸ 角Dと対応する角はどれですか。

（　　　　　）

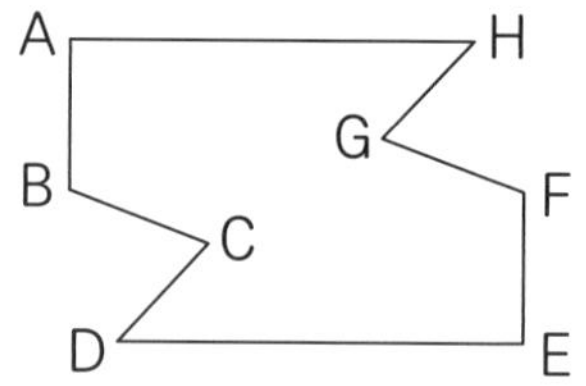

3 右の図形は点対称な図形です。

❶ 角Dの大きさは何度ですか。

（　　　　　）

❷ 辺CDの長さは何cmですか。

（　　　　　）

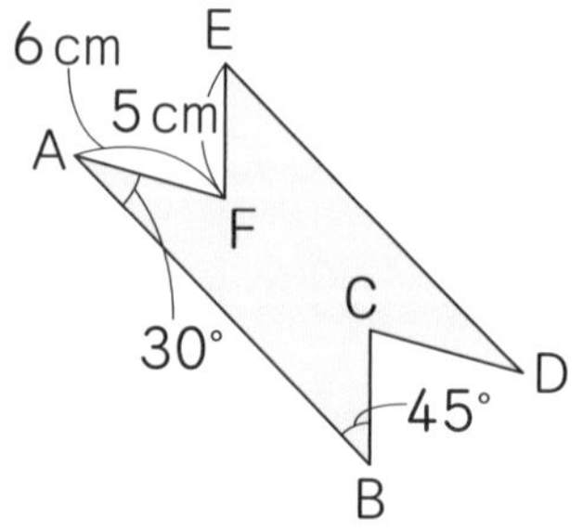

ポイント 点対称な図形では，対称の中心を通る直線によって2つの合同な図形に分けられます。
対称の中心をさがすには，対応する2点に着目し，その2点を通る線をひいてみます。

④ 点対称な図形 (2)
基本のワーク

答え 1ページ

やってみよう

☆ 右の図形は，点 O を対称の中心とする点対称な図形の半分をかいたものです。残りの半分をかきましょう。

とき方 点対称な図形では，対応する点を結ぶ直線を 2 本ひくと，それらの直線が交わった点が対称の中心になります。

また，対応する点の中心から対応する点までの長さはそれぞれ等しくなっています。

まず，各頂点に対して，頂点と中心 O を通る直線をひいて，対応する点を求めます。

答え

たいせつ

対称の中心 O から対応する点までの長さが等しいことを利用します。

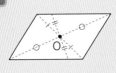

1 右の図形は点対称な図形で，点 O は対称の中心です。

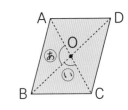

❶ 直線 AO と直線 CO の長さはどうなっていますか。

（　　　　　　　　）

❷ 角 ⓐ が 110° のとき，角 ⓘ は何度ですか。

（　　　　　　　　）

2 右の図形は点対称な図形の半分をかいたもので，点 A に対応する点は点 E です。

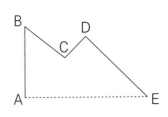

❶ 対称の中心 O をかきましょう。

❷ 残りの半分をかきましょう。

3 右の図形は点対称な図形です。

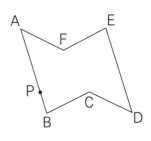

❶ 対称の中心 O をかきましょう。

❷ 点 P は辺 AB 上の点です。点 P に対応する点 Q をかきましょう。

ポイント 点対称な図形で，対応する点を結ぶ直線を 2 本かいたとき，その交点が対称の中心になります。対称の中心は，対応する点を結ぶ直線上にあり，その直線を 2 等分します。

⑤ 線対称や点対称な図形(1)
基本のワーク

答え 2ページ

☆ 次の図形について，線対称な図形はどれですか。また，点対称な図形はどれですか。

ⓐ 長方形　　ⓑ 平行四辺形　　ⓒ ひし形

とき方 線対称な図形…対称の軸で分けられる2つの部分は，対称の軸を折り目として折り返すとぴったり重なります。

点対称な図形…対称の中心Oを通る直線で分けられる2つの部分は，Oを中心として180°回転するとぴったり重なります。

  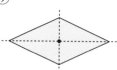

**ちゅうい**

線対称でも点対称でもある図形，線対称であるが点対称でない図形，点対称であるが線対称でない図形，線対称でも点対称でもない図形があるので，注意しましょう。

答え 線対称… ☐　　点対称… ☐

❶ 次のⓐ～ⓓの図形があります。

ⓐ ⓑ ⓒ ⓓ

❶ 線対称な図形はどれですか。

❷ 点対称な図形はどれですか。

❸ 線対称であるが点対称でない図形はどれですか。

❸ははじめに線対称であるものを選び，その中から，点対称であるものをのぞくといいよ。

❹ ❸の図形には対称の軸は何本ありますか。

❷ 右の図形は，ある四角形ABCDの一部をかいたものです。四角形ABCDが線対称で，点Aに対応する点が点Dのとき，残りの部分をかいて，四角形ABCDを完成させましょう。

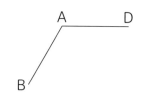

ポイント いろいろな三角形や四角形が，線対称や点対称かどうかをまとめておきましょう。とくに，平行四辺形は点対称ですが線対称ではないので，注意しましょう。

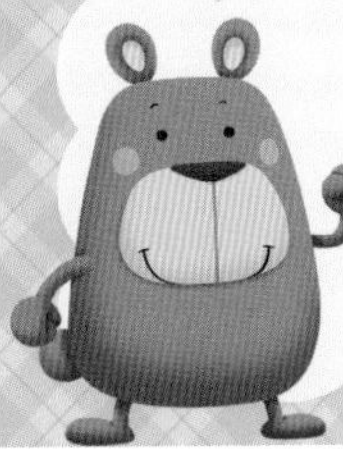

⑥ 線対称や点対称な図形(2)

基本のワーク

答え 2ページ

やってみよう

☆ 次の図形について，線対称な図形はどれですか。また，点対称な図形はどれですか。

㋐ 正三角形

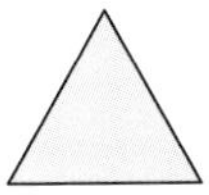

㋑ 正六角形

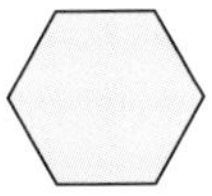

㋒ 円

とき方 まず，線対称な図形かどうかを考えると，どの図形もあてはまります。次に，点対称な図形かどうかを考えると，正三角形はあてはまりません。また，対称の軸や対称の中心についても調べます。

㋐

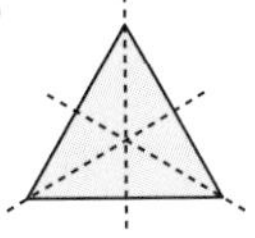

㋑

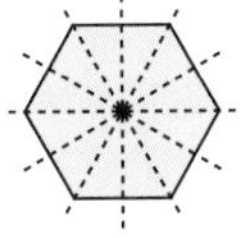

㋒

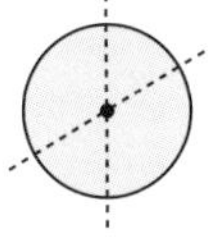

さんこう
円は線対称な図形で，対称の軸は無数にあります。また，円は点対称な図形でもあります。

答え 線対称…　　　点対称…

1 次の㋐～㋒の図形のうち，線対称な図形はどれですか。また，点対称な図形はどれですか。

㋐ 正方形

㋑ 正七角形

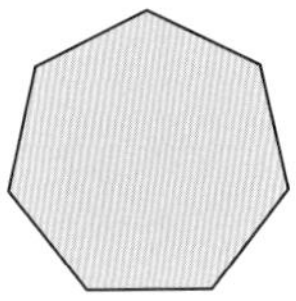

㋒ 正八角形

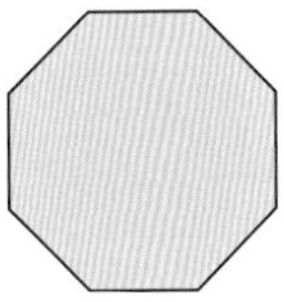

線対称（　　　　）　点対称（　　　　）

2 右の図のような正五角形があります。この図形は線対称な図形です。

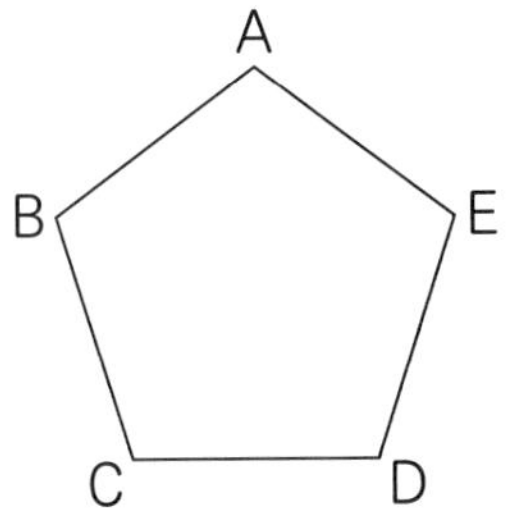

❶ 点Bに対応する点が点Cのとき，対称の軸を図にかきましょう。

❷ 正五角形に対称の軸は何本ありますか。

（　　　　）

❸ 正五角形は点対称な図形ですか。

（　　　　）

3 次の㋐～㋕の図形の中で，線対称であり点対称でもあるものはどれですか。

㋐ 正三角形　　㋑ 正六角形
㋒ 正七角形　　㋓ 正八角形
㋔ 正九角形　　㋕ 円

頂点(ちょうてん)の数が奇数(きすう)のものと偶数(ぐうすう)のものの2つの組に分けて，対称の性質のちがいを考えるといいよ。

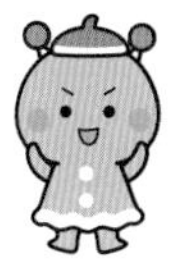

（　　　　）

ポイント
正多角形や円は，どれも線対称な図形です。
そのうち，正三角形・正五角形・正七角形などは，点対称な図形ではありません。

勉強した日　月　日

まとめのテスト①

時間 20分　得点 /100点

答え 2ページ

1 よく出る 次の㋐～㋒の図形のうち，線対称（せんたいしょう）な図形はどれですか。〔20点〕

㋐
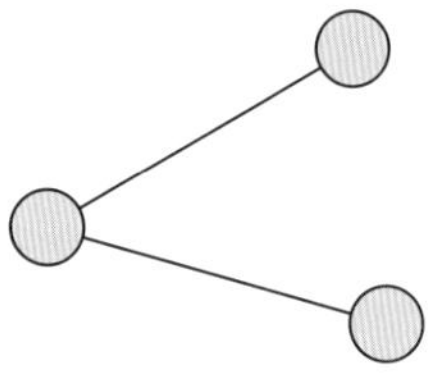

㋑
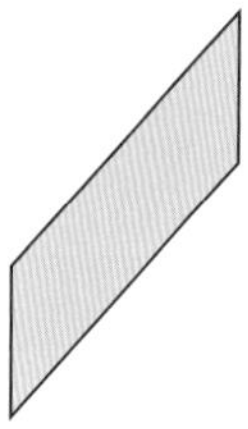

㋒
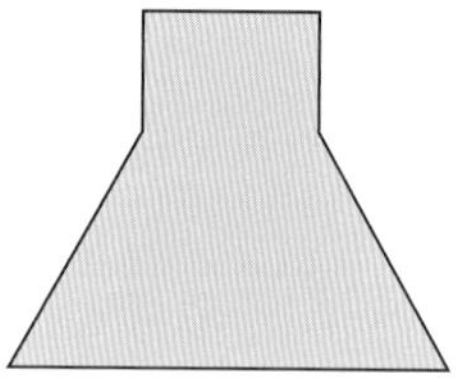

（　　　　）

2 よく出る 右の図形は線対称な図形の半分をかいたもので，直線アイは対称の軸（じく）です。残りの半分をかきましょう。〔20点〕

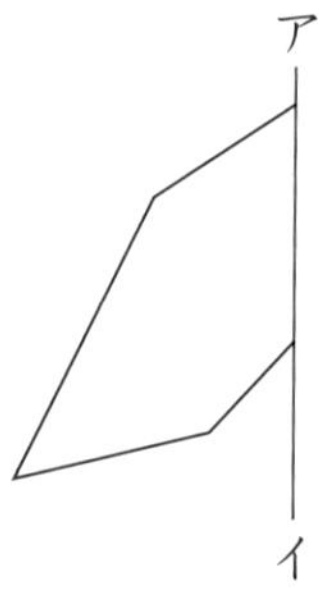

チャレンジ! **3** 右の図形は，点対称な図形で，点Dに対応する点は点Hです。ただし，◯の部分がかかれていません。1つ15〔30点〕

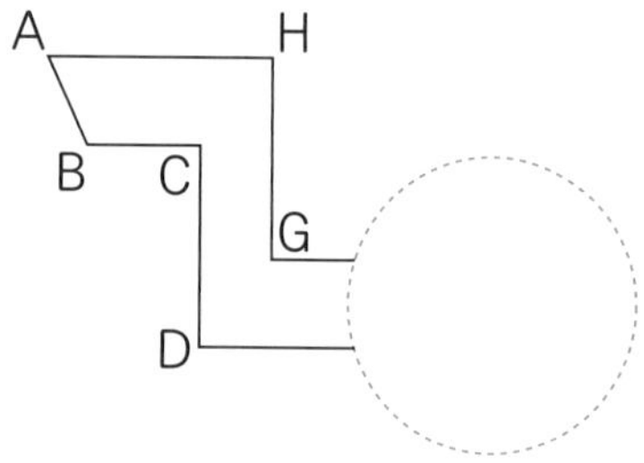

❶ 対称の中心Oをかきましょう。

❷ ◯の部分を完成させましょう。

4 次の㋐～㋓のような図形があります。1つ15〔30点〕

㋐ 正方形

㋑ 長方形
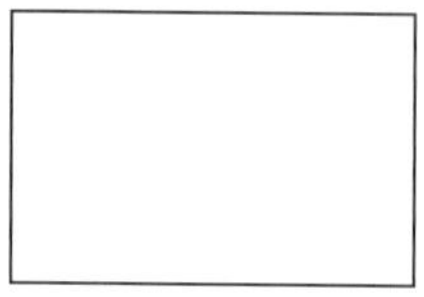

㋒ 平行四辺形
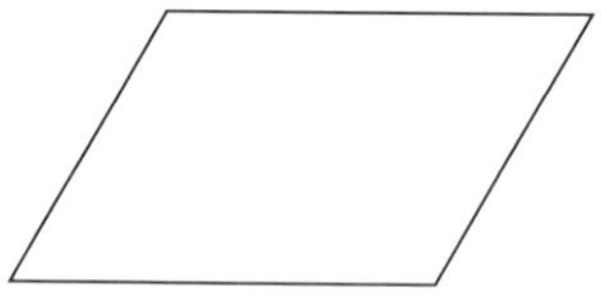

㋓ ひし形
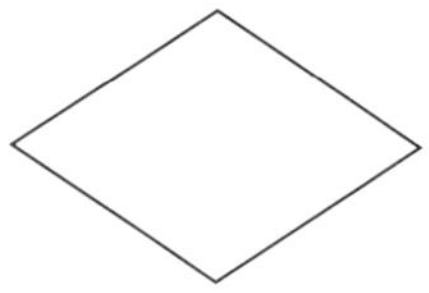

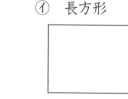

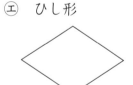

❶ 線対称な図形で，対称の軸が2本ある図形はどれですか。

（　　　　）

❷ 点対称であるが線対称でない図形はどれですか。

（　　　　）

チェック✓
- □線対称な図形の性質を理解できたかな？
- □線対称な図形をかくことができたかな？

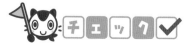

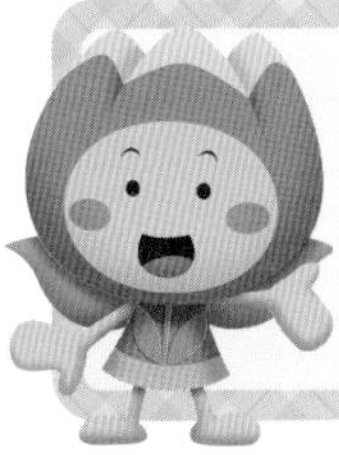

まとめのテスト②

答え　2ページ

時間20分　得点　/100点

1 次の㋐～㋒の図形のうち，点対称な図形はどれですか。〔20点〕

㋐

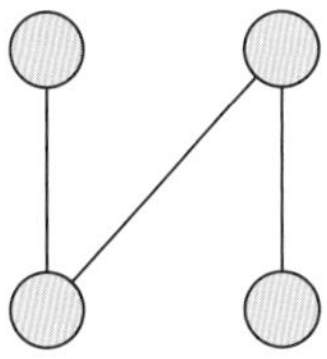

㋑

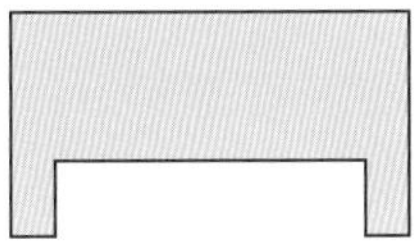

㋒

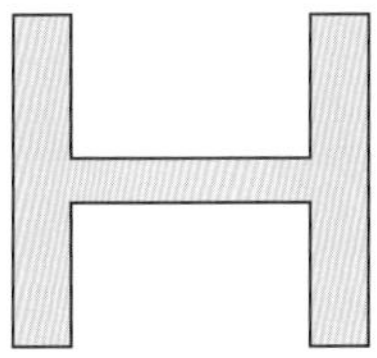

（　　　）

チャレンジ!

2 右の図形は，線対称な図形で，点Aに対応する点は点Bです。ただし，◯の部分がかかれていません。1つ15〔30点〕

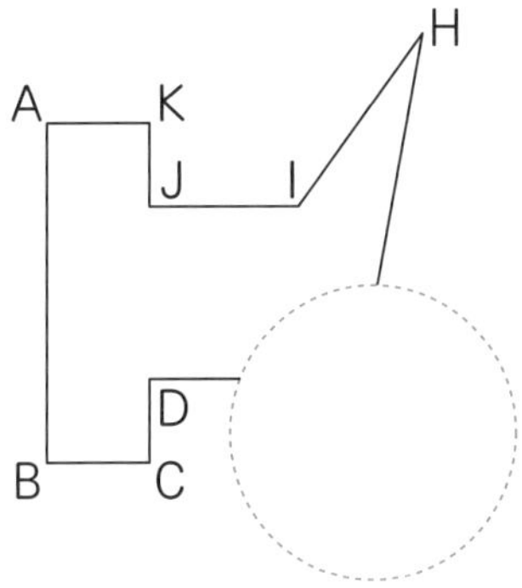

❶ 対称の軸をかきましょう。

❷ ◯の部分を完成させましょう。

3 次の□にあてはまることばを書きましょう。1つ5〔20点〕

線対称な図形では，対応する2つの点を結んだ直線は，対称の軸と［❶］に交わります。
また，この交わる点から対応する点までの長さは，［❷］なっています。
点対称な図形では，対応する2つの点を結ぶ直線は，対称の［❸］を通ります。
また，対称の［❸］から対応する点までの長さは，［❹］なっています。

❶（　　　）　❷（　　　）　❸（　　　）　❹（　　　）

4 よく出る　次の㋐～㋕の図形について，下の問題に答えましょう。1つ15〔30点〕

㋐ 正三角形　㋑ 正方形　㋒ 正五角形
㋓ 正六角形　㋔ 正七角形　㋕ 円

❶ 線対称であるが点対称でない図形はどれですか。

（　　　）

❷ 線対称な図形で，対称の軸が5本以上あるものはどれですか。

（　　　）

チェック✓
□点対称な図形の性質を理解できたかな？
□点対称な図形をかくことができたかな？

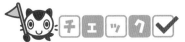

① 文字を使った式
基本のワーク

答え 2ページ

やってみよう

☆ | 枚が x 円の画用紙を 4 枚買いました。

❶　代金を求める式を書きましょう。
❷　x の値が 80 のときの，代金を求めましょう。
❸　代金が 480 円になるときの，x の値を求めましょう。

とき方　❶　代金をことばの式で考えると，「代金＝ | 枚の値段×買った枚数」です。

答え _____

❷　求めた代金の式の x に 80 をあてはめて計算します。

　　□ ×4＝ □　　答え □ 円

たいせつ

いろいろと変わる数 x と，いつも変わらない数をきちんと見分けましょう。

❸　x×4＝480 と表せるから，

　　x＝□÷□＝□　　答え _____

❶ | 辺の長さが x cm の正方形があります。
❶　まわりの長さを求める式を書きましょう。

文字で数量を表すときも，単位のあるものは単位をつけるよ。

（　　　　　　　）

❷　x の値が 6 のときの，まわりの長さを求めましょう。
式

答え（　　　　　　　）

❷ | 本 70 円のジュースが x 本あります。
❶　代金を求める式を書きましょう。

（　　　　　　　）

❷　x の値が 4 のときの，代金を求めましょう。
式

答え（　　　　　　　）

❸　代金が 630 円になるのは，x の値がいくつのときですか。
式

答え（　　　　　　　）

x にいろいろな数をあてはめたときに，あてはめた数が変わると，それに対応して，式で表された数量がどう変わるかを考えましょう。

② 2つの文字を使った式
基本のワーク

答え 2ページ

★ 1本40円のえんぴつを x 本買うと，代金は y（ワイ）円です。
- ❶ x と y の関係を式に表しましょう。
- ❷ x の値が7のとき，対応する y の値を求めましょう。
- ❸ y の値が520となるときの，x の値を求めましょう。

とき方 ❶ 代金をことばの式で考えると，「1本の値段×買った本数＝代金」です。

答え [　　　　　　]

❷ ❶で求めた式の x に7をあてはめて y の値を求めます。

$40 \times$ [　] $=$ [　]　　答え [　　　]

ちゅうい
等号「＝」を使って表すときは，単位はつけないようにしましょう。

❸ $40 \times x = 520$ と表せるから，

$x =$ [　] $\div$ [　] $=$ [　]　　答え [　　　]

❶ 縦が6cm，横が x cm の長方形の面積は，y cm² です。
- ❶ x と y の関係を式に表しましょう。

（　　　　　　　　）

等号を使って表すときは単位はつけないよ。

- ❷ x の値が8のとき，対応する y の値を求めましょう。

式

答え（　　　　　　　）

❷ 1本が2L の牛乳を x 本買うと，牛乳は全部で y L です。
- ❶ x と y の関係を式に表しましょう。

（　　　　　　　　）

- ❷ x の値が5のとき，対応する y の値を求めましょう。

式

答え（　　　　　　　）

- ❸ y の値が18となるときの，x の値を求めましょう。

式

答え（　　　　　　　）

ポイント 2つの量 x と y があり，x の値がいろいろと変わるにつれて y の値がいろいろと変わるとき，x と y の関係は等号を使ってどのように表されるかを考えましょう。

③ 文字を使った式の意味
基本のワーク

答え 3ページ

☆ 次の㋐～㋒の中で，x と y の関係が「$x \times 6 = y$」という式になるものはどれですか。

　㋐ 底辺が x cm，高さが 6 cm の三角形の面積は，y cm² です。

　㋑ x L の水を 6 人で同じ量ずつ分けると，1 人分は y L です。

　㋒ 縦 x cm，横 6 cm の長方形のまわりの長さは，y cm です。

　㋓ 算数のドリルを，1 日に x 題ずつ解くと，6 日間で解けるのは y 題です。

とき方 x と y の関係を式に表して考えます。

　㋐ 「三角形の面積＝底辺×□÷□」　➡　$x \times \boxed{} = y$

　㋑ 「1 人分の量＝全体の量÷人数」　➡　$x \div \boxed{} = y$

　㋒ 「長方形のまわりの長さ＝縦の長さ×2＋横の長さ×2」

　　➡　$x \times 2 + \boxed{} = y$

ヒント
まずことばの式で考えて，x と y の関係を表す式をつくりましょう。

　㋓ 「全体の題数＝1 日の題数×日数」　➡　$x \times \boxed{} = y$

答え □

---

❶ 次の❶～❸の式に表される場面を，下の㋐～㋒から選んで，記号で答えましょう。

　❶　$x \times 4 = y$　　　　　❷　$4 \div x = y$　　　　　❸　$4 \times x \div 2 = y$

　㋐ 底辺が 4 m，高さが x m の三角形の土地の面積は，y m² です。

　㋑ 4 kg の米を x 人で同じ量ずつ分けると，1 人分は y kg です。

　㋒ 1 辺が x cm の正方形のまわりの長さは，y cm です。

❶ (　　　　) ❷ (　　　　) ❸ (　　　　)

---

❷ 右の図で，色をつけた部分の面積を y cm² とします。このとき，次の㋐～㋓中で，x と y の関係を正しく表しているのはどれですか。

　㋐　$x \times 8 - x \times 2 = y$
　㋑　$x \times 8 + x \times 2 = y$
　㋒　$x \times 2 + x \times 6 \div 2 = y$
　㋓　$x \times 8 - x \times 8 \div 2 = y$

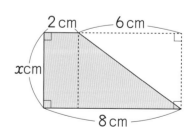

文字を使った式でも，＋や－より×や÷を先に計算することに気をつけよう！

(　　　　)

ポイント 同じ式でも，場面が変わればちがった意味になることがあります。考えている場面にあてはめて式の意味を読みとることがたいせつです。

まとめのテスト

答え 3ページ

時間 20分

得点 /100点

1 厚さが12cmの板をx枚(まい)重ねました。 1つ7〔35点〕

❶ 全体の高さを求める式を書きましょう。

（　　　　）

❷ xが6のときの，全体の高さを求めましょう。

[式]

答え（　　　　）

❸ 全体の高さが96cmになるのは，xがいくつのときですか。

[式]

答え（　　　　）

2 よく出る 1箱にx個ずつ入れたりんごが7箱分あるとき，りんごの個数は全部でy個です。 1つ7〔35点〕

❶ xとyの関係を，式に表しましょう。

（　　　　）

❷ xの値(あたい)が8のとき，対応するyの値を求めましょう。

[式]

答え（　　　　）

❸ yの値が105となるときの，xの値を求めましょう。

[式]

答え（　　　　）

チャレンジ! **3** 次の㋐～㋓の中で，xとyの関係が「$x \times 3+2=y$」という式になるものはどれですか。 〔30点〕

㋐ 1個がx円のお菓子(かし)を3個買って2人で分けたとき，1人分の代金はy円です。

㋑ 1ふくろの重さが$x$kgの砂(すな)3ふくろ分を重さ2kgの容器に入れたとき，全体の重さは$y$kgです。

㋒ 1枚x円の画用紙を1人に3枚ずつ2人に配ったとき，画用紙全部の代金はy円です。

㋓ 縦が$x$cmで横が3cmの長方形の面積と，縦が$x$cmで横が2cmの長方形の面積の合計は，$y$cm^{2}です。

（　　　　）

チェック✓
□文字を使って数量を表すことができたかな？
□文字を使った式が表すことがらを正しく読みとることができたかな？

① 分数のかけ算の問題 (1)
基本のワーク

やってみよう

☆ 1 m の重さが $\frac{2}{3}$ kg の鉄の棒があります。この鉄の棒 4 m の重さは何 kg ですか。

とき方　分数に整数をかける計算を考えます。

$$\frac{2}{3} \times 4 = \frac{2 \times \boxed{}}{\boxed{}} = \boxed{}$$

答え $\boxed{}$ kg

たいせつ

分数×整数の計算では、分母はそのままにして、分子に整数をかけます。とちゅうで約分できるときは約分します。また、仮分数のまま答えてもよいですが、帯分数になおしたほうが数量の大きさがとらえやすくなります。

① 厚さが $\frac{5}{7}$ cm の本があります。これと同じ本を 3 冊積み重ねると、高さは何cmになりますか。

式

答え（　　　　　　　　　）

② ちひろさんは 1 日に $\frac{2}{5}$ L ずつ牛乳を飲みます。1 週間 (7 日間)では、何 L の牛乳を飲みますか。

式

答え（　　　　　　　　　）

③ 1 dL で $\frac{5}{6}$ m² のかべをぬれるペンキがあります。このペンキ 9 dL では、何m² のかべをぬることができますか。

式

答え（　　　　　　　　　）

④ トラクターで畑を耕します。1 時間に $1\frac{2}{3}$ a の畑を耕すと、6 時間では何 a の畑を耕すことができますか。

式

帯分数を仮分数になおしてから計算するよ。

答え（　　　　　　　　　）

ポイント　分数×整数の計算では、$\frac{\bullet}{\blacksquare} \times \blacktriangle = \frac{\bullet \times \blacktriangle}{\blacksquare}$ のように計算します。

② 分数のかけ算の問題 (2)
基本のワーク

答え 3ページ

 ☆ 1m² の重さが $\frac{4}{7}$ kg の鉄板があります。この鉄板 $\frac{2}{3}$ m² の重さは何kgですか。

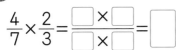 1m² の重さ×面積＝その面積の重さ です。

 たいせつ

$\frac{4}{7} \times \frac{2}{3} = \frac{\square \times \square}{\square \times \square} = \boxed{}$

分数×分数の計算では，分子どうし，分母どうしをかけます。
$\frac{\bullet}{\blacksquare} \times \frac{\blacktriangle}{\bigstar} = \frac{\bullet \times \blacktriangle}{\blacksquare \times \bigstar}$

 答え $\boxed{}$ kg

❶ 1dL で，かべを $\frac{3}{4}$ m² ぬれるペンキがあります。
このペンキ $\frac{2}{5}$ dL では，かべを何m² ぬれますか。
式

約分できるときは，約分を忘れずにしよう。

答え（　　　　　）

❷ 1m の重さが $\frac{7}{6}$ kg のパイプがあります。このパイプ $\frac{3}{5}$ m の重さは何kg ですか。
式

答え（　　　　　）

❸ 1m の値段が 240 円の布があります。この布 $\frac{5}{8}$ m の代金は何円ですか。
式

答え（　　　　　）

❹ 1分間で $\frac{8}{7}$ L の水を入れることができるポンプがあります。$\frac{13}{12}$ 分間では何 L の水を入れることができますか。
式

答え（　　　　　）

ポイント　分数×分数の計算では，分子どうし，分母どうしをかけます。
答えが約分できるときは，約分します。

③ 分数のかけ算の問題 (3)
基本のワーク

答え 3ページ

やってみよう

☆ 1 L の重さが $\frac{4}{5}$ kg の油があります。この油 3$\frac{3}{8}$ L の重さは何 kg ですか。

とき方 1 L の重さ×体積＝全体の重さ です。

$$\frac{4}{5} \times 3\frac{3}{8} = \frac{4}{5} \times \frac{\square}{8} = \frac{\square}{10}$$

たいせつ
帯分数のかけ算は，帯分数を仮分数になおして計算します。

答え　　　 kg

---

1 畑に 1 m² あたり $\frac{12}{25}$ L の水をまきます。2$\frac{2}{9}$ m² の畑では，何 L の水を使いますか。

式

答え（　　　　　　　）

2 1 L で，かべを 5$\frac{2}{5}$ m² ぬれるペンキがあります。このペンキ 2$\frac{2}{3}$ L では，かべを何 m² ぬれますか。

式

答え（　　　　　　　）

3 ガソリン 1 L で 9$\frac{1}{3}$ km 走ることができる自動車があります。この自動車はガソリン 4$\frac{2}{7}$ L で何 km 走ることができますか。

式

答え（　　　　　　　）

4 次の㋐〜㋔の中で，答えが 120 より小さくなるものを選び，記号で答えましょう。

㋐ 120×1$\frac{1}{3}$ 　㋑ 120×$\frac{2}{3}$ 　㋒ 120×1 　㋓ 120×$\frac{9}{4}$ 　㋔ 120×$\frac{18}{19}$

（　　　　　　　）

ポイント かける数が 1 より小さいとき，積はかけられる数より小さくなります。

④ 分数のわり算の問題（1）
基本のワーク

答え 3ページ

☆ 大きさが $\dfrac{4}{5}$ m² の画用紙を 8 人で等しく分けます。1 人分の画用紙の大きさは何 m² になりますか。

とき方　分数を整数でわる計算を考えます。

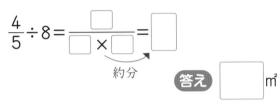

$$\dfrac{4}{5} \div 8 = \dfrac{\boxed{}}{\boxed{} \times \boxed{}} = \boxed{}$$

約分

答え $\boxed{}$ m²

たいせつ

分数÷整数の計算では，分子はそのままにして，分母と整数をかけます。とちゅうで約分できるときは約分します。また，仮分数のまま答えてもよいですが，帯分数になおしたほうが数量の大きさがとらえやすくなります。

❶ $\dfrac{5}{6}$ L のジュースを 4 人で等しく分けます。1 人分のジュースは何 L になりますか。

式

答え（　　　　　）

❷ 3 L の重さが $2\dfrac{1}{3}$ kg の油があります。この油 1 L の重さは何 kg ですか。

式

答え（　　　　　）

❸ $\dfrac{14}{25}$ kg の塩があります。これを 7 つの容器に等しく分けます。1 つの容器に入る塩は何 kg になりますか。

式

答え（　　　　　）

❹ $3\dfrac{4}{7}$ m のリボンがあります。これを 5 人で等しく分けます。1 人分の長さは何 m になりますか。

式

答え（　　　　　）

 ポイント　分数÷整数の計算では，$\dfrac{\blacksquare}{\bullet} \div \blacktriangle = \dfrac{\blacksquare}{\bullet \times \blacktriangle}$ のように計算します。

⑤ 分数のわり算の問題 (2)
基本のワーク

答え 3ページ

やってみよう

☆ $\frac{5}{7}$ dL のペンキでかべを $\frac{3}{5}$ m² ぬれました。このペンキ 1 dL では, かべを何 m² ぬることができますか。

とき方　ぬれた面積÷ペンキの量＝1 dL でぬれる面積　です。

$$\frac{3}{5} \div \frac{5}{7} = \frac{3}{5} \times \frac{\square}{\square} = \frac{\square \times \square}{\square \times \square} = \boxed{}$$

答え $\boxed{}$ m²

たいせつ

分数÷分数の計算では, わる数の分母と分子を入れかえた数（逆数）をかけます。

$$\frac{\bullet}{\blacksquare} \div \frac{\blacktriangle}{\bigstar} = \frac{\bullet}{\blacksquare} \times \frac{\bigstar}{\blacktriangle} = \frac{\bullet \times \bigstar}{\blacksquare \times \blacktriangle}$$

---

❶ $\frac{4}{5}$ L の重さが $\frac{2}{3}$ kg の油があります。

この油 1 L の重さは何 kg ですか。

式

その油の重さ÷油の量＝1 L の重さになるよ。

答え (　　　　　　　　)

---

❷ 1 L あたりの重さが $\frac{7}{9}$ kg の油が $\frac{14}{5}$ kg あります。この油は何 L ありますか。

式

答え (　　　　　　　　)

---

❸ $\frac{15}{14}$ m² の花だんに, $\frac{9}{10}$ kg の肥料をまきます。

❶ 1 m² の花だんでは, 何 kg の肥料をまきますか。

式

答え (　　　　　　　　)

❷ 1 kg の肥料では, 何 m² の花だんにまくことができますか。

式

答え (　　　　　　　　)

---

❹ リボンを $\frac{8}{7}$ m 買うと代金は 160 円でした。このリボン 1 m の値段は何円ですか。

式

答え (　　　　　　　　)

ポイント　分数÷分数の計算では, わる数の分母と分子を入れかえた数（逆数）をかけます。
2 つの数の積が 1 になるとき, 一方の数をもう一方の数の逆数といいます。

⑥ 分数のわり算の問題（3）
基本のワーク

答え 3ページ

やってみよう

☆ $2\frac{4}{7}$ L の重さが $1\frac{13}{14}$ kg の油があります。この油１L の重さは何 kg ですか。

とき方 全体の重さ÷全体の体積＝１L の重さ です。

$$1\frac{13}{14} \div 2\frac{4}{7} = \frac{27}{14} \div \frac{\square}{7} = \frac{27}{14} \times \frac{\square}{\square} = \frac{27 \times \square}{14 \times \square} = \square$$

たいせつ

帯分数のわり算は，帯分数を仮分数になおして計算します。

答え $\square$ kg

1 上の▶ **やってみよう** で，この油１kg の体積は何 L ですか。
式

答え（　　　　　　）

2 $2\frac{1}{2}$ m の重さが $1\frac{1}{4}$ kg の鉄の棒（ぼう）があります。この鉄の棒１m の重さは何 kg ですか。
式

答え（　　　　　　）

3 $3\frac{1}{9}$ kg の値段が 840 円の小麦粉があります。
この小麦粉１kg の値段は何円ですか。
式

答え（　　　　　　）

4 次のわり算の式を，商の大きい順に並（なら）べましょう。

㋐ $90 \div \frac{3}{4}$ 　㋑ $90 \div \frac{4}{3}$ 　㋒ $90 \div 1$ 　㋓ $90 \div \frac{4}{5}$

（　　　　　　）

ポイント わる数が１より小さいとき，商はわられる数より大きくなります。

勉強した日　月　日

⑦ 分数のかけ算・わり算の問題
基本のワーク

答え 4ページ

☆ $\frac{3}{4}$ L の重さが $\frac{4}{5}$ kg の粉があります。この粉 $\frac{7}{8}$ L の重さは何 kg ですか。

とき方 1L あたりの重さは，

$$\frac{4}{5} \div \frac{3}{4} = \frac{4}{5} \times \frac{4}{3} = \frac{\square \times \square}{\square \times \square} = \square$$

$\frac{7}{8}$ L の重さは，

$$\square \times \frac{7}{8} = \frac{\square \times \square}{\square \times \square} = \square$$

ヒント

分数のかけ算とわり算の両方を使います。
$\frac{4}{5} \div \frac{3}{4} \times \frac{7}{8}$ のように 1 つの式にまとめることもできます。

答え $\square$ kg

❶ $\frac{5}{4}$ m の重さが $\frac{3}{5}$ kg の木材があります。
この木材 $\frac{7}{6}$ m の重さは何 kg ですか。

式

まず1mの重さを求めてみよう。

答え（　　　　　　　）

❷ $\frac{5}{6}$ kg の重さの豆から $\frac{2}{5}$ L の油がとれます。$\frac{8}{5}$ L の油をとるには何 kg の豆が必要ですか。

式

答え（　　　　　　　）

❸ ある機械を使うと，$1\frac{5}{7}$ L のガソリンで $2\frac{2}{3}$ a の畑を耕すことができます。

❶ $2\frac{1}{2}$ L のガソリンで何 a の畑を耕すことができますか。

式

答え（　　　　　　　）

❷ $1\frac{4}{5}$ a の畑では何 L のガソリンを使いますか。

式

答え（　　　　　　　）

 まず，わり算を使って単位量あたりの大きさを求めます。次に，単位量あたりの大きさをもとにして，かけ算をします。

⑧ 図形への応用
基本のワーク

答え 4ページ

やってみよう

☆ 底辺が $\frac{9}{5}$ cm，高さが $\frac{8}{7}$ cm の三角形の面積は何 cm² ですか。

とき方 三角形の面積＝底辺×高さ÷2 だから，

$$\frac{9}{5} \times \frac{8}{7} \div 2 = \frac{9}{5} \times \frac{8}{7} \times \boxed{} = \frac{\boxed{} \times \boxed{} \times \boxed{}}{\boxed{} \times \boxed{} \times \boxed{}}$$

$$= \boxed{}$$

答え $\boxed{}$ cm²

 たいせつ

面積を求める公式は，分数のときにも利用できます。
2でわる計算は，$2 = \frac{2}{1}$ と考えて，$\frac{1}{2}$ をかけるとよいでしょう。

❶ 底辺が $\frac{5}{3}$ cm，高さが $\frac{9}{8}$ cm の三角形の面積は何 cm² ですか。

式

答え（　　　　　　　）

❷ 面積が $\frac{7}{5}$ cm²，縦が $\frac{7}{8}$ cm の長方形の横の長さは何 cm ですか。

式

長方形の面積＝縦×横 だから，横＝面積÷縦 だね。

答え（　　　　　　　）

❸ 縦が $\frac{5}{6}$ cm，横が $\frac{7}{3}$ cm，高さが $\frac{2}{3}$ cm の直方体の体積は何 cm³ ですか。

式

答え（　　　　　　　）

❹ 1辺の長さが $\frac{4}{5}$ m の立方体の体積は何 m³ ですか。

式

答え（　　　　　　　）

 図形の面積や体積を求める公式は，分数のときもそのまま利用できます。
面積がわかっているときの辺の長さの求め方もよく理解しておきましょう。

まとめのテスト❶

時間 **20**分

得点 /100点

答え 4ページ

1 水そうに水を入れます。1分間に $2\frac{3}{5}$ L ずつ水を入れると，5分間では何 L の水を入れることができますか。
1つ10〔20点〕

式

答え（　　　　　　　）

2 よく出る $\frac{3}{2}$ m² の畑から，$\frac{3}{8}$ kg のいもがとれました。1m² あたり何 kg のいもがとれましたか。
1つ10〔20点〕

式

答え（　　　　　　　）

3 よく出る $\frac{2}{3}$ L の重さが $\frac{7}{12}$ kg の砂があります。この砂 $\frac{8}{9}$ L の重さは何 kg ですか。 1つ10〔20点〕

式

答え（　　　　　　　）

4 底辺が $1\frac{4}{5}$ cm，高さが $3\frac{1}{3}$ cm の三角形の面積は何 cm² ですか。
1つ10〔20点〕

式

答え（　　　　　　　）

5 縦が $\frac{4}{3}$ cm，横が $\frac{25}{12}$ cm の長方形の面積と，1辺が $\frac{4}{3}$ cm の正方形の面積のちがいは，何 cm² ですか。
1つ10〔20点〕

式

答え（　　　　　　　）

□ 分数のかけ算を使った文章題を解くことができたかな？
□ 分数のわり算を使った文章題を解くことができたかな？

まとめのテスト❷

答え 4ページ

時間 **20**分

得点
/100点

1 4dL で $1\frac{3}{5}$ m² の板をぬれるペンキがあります。このペンキ1dL では，何m² の板をぬることができますか。 1つ10〔20点〕

式

答え（ 　　　　　 ）

2 $\frac{9}{10}$ m² のゆかにタイルをはるのにセメントを $\frac{15}{16}$ kg 使います。1m² あたり何kg のセメントを使いますか。 1つ10〔20点〕

式

答え（ 　　　　　 ）

3 $\frac{5}{8}$ kgの米を洗うのに $\frac{25}{6}$ L の水を使います。この米 $\frac{7}{10}$ kg を洗うのに，何L の水を使いますか。 1つ10〔20点〕

式

答え（ 　　　　　 ）

4 (よく出る) 面積が $2\frac{3}{5}$ cm²，底辺が $1\frac{3}{10}$ cm の平行四辺形の高さは何cm ですか。 1つ10〔20点〕

式

答え（ 　　　　　 ）

5 底辺が $\frac{17}{15}$ cm，高さが $\frac{4}{7}$ cm の三角形の面積と，底辺が $\frac{11}{15}$ cm，高さが $\frac{4}{7}$ cm の三角形の面積を合わせると何cm² ですか。 1つ10〔20点〕

式

答え（ 　　　　　 ）

□ 分数のかけ算とわり算の両方を使う文章題を解くことができたかな？
□ 長さが分数で表されている図形の面積を求めることができたかな？

① 割合と分数 (1)
基本のワーク

答え 4ページ

☆ $\frac{5}{8}$kg の荷物 A と $\frac{3}{4}$kg の荷物 B があります。荷物 A の重さは荷物 B の重さの何倍ですか。

とき方 整数のときと同じように考えます。

割合＝比べられる量÷もとにする量 だから,

$$\frac{5}{8} \div \boxed{} = \frac{5}{8} \times \boxed{} = \frac{\boxed{} \times \boxed{}}{\boxed{} \times \boxed{}} = \boxed{}$$

答え $\boxed{}$ 倍

たいせつ

どちらがもとにする量かをまちがえないようにしましょう。「AはBの何倍か」というとき, Aが比べられる量, Bがもとにする量です。

割合＝比べられる量÷もとにする量

❶ $\frac{2}{3}$kg は, $\frac{6}{7}$kg の何倍ですか。

式

答え (　　　　　　　　)

❷ $\frac{4}{5}$m は, $\frac{2}{3}$m の何倍ですか。

式

答え (　　　　　　　　)

❸ $\frac{5}{4}$m² をもとにすると, $\frac{25}{7}$m² は何倍ですか。

式

答え (　　　　　　　　)

❹ $\frac{7}{9}$L を 1 とみると, $\frac{14}{15}$L はどれだけにあたりますか。

式

$\frac{14}{15}$L が $\frac{7}{9}$L の何倍になるかを考えましょう。

答え (　　　　　　　　)

ポイント ある量がもとにする量の何倍にあたるかを求めるときは, わり算を使います。どちらでわるかをきちんと理解しましょう。

② 割合と分数 (2)
基本のワーク

答え 4ページ

やってみよう

☆ Aのびんには $\frac{5}{2}$ L の水が入っていて，Bのびんにはаのびんの $\frac{4}{3}$ 倍の水が入っています。Bのびんには何 L の水が入っていますか。

とき方　比べられる量＝もとにする量×割合 だから，

$$\frac{5}{2} \times \boxed{} = \frac{\boxed{}\times\boxed{}}{\boxed{}\times\boxed{}} = \boxed{}$$

 さんこう

分数で考えると難しい場合は，整数で考えるとわかりやすくなります。
例 3L の 5 倍 ➡ 3×5＝15（L）
比べられる量＝もとにする量×割合

答え $\boxed{}$ L

❶ 兄が持っているねんどの重さは $\frac{5}{3}$ kg で，弟が持っているねんどの重さはその $\frac{3}{4}$ 倍です。弟が持っているねんどは何 kg ですか。
式

> 兄のねんどの重さの $\frac{3}{4}$ 倍が弟のねんどの重さだよ。

答え（　　　　　　）

❷ 650 円持っていましたが，その $\frac{4}{5}$ にあたる値段の本を買いました。本の値段はいくらですか。
式

答え（　　　　　　）

❸ $\frac{9}{10}$ kg を 1 とみると，その $\frac{8}{9}$ にあたる重さは何 kg ですか。
式

答え（　　　　　　）

❹ $\frac{10}{3}$ km を 1 とみると，$\frac{9}{8}$ にあたる長さは何 km ですか。
式

答え（　　　　　　）

 何倍かにあたる量（比べられる量）を求めるときは，かけ算を使います。
もとにする量に何倍か（割合）をかけたものが，比べられる量です。

4 割合と分数

③ 割合と分数 (3)
基本のワーク

勉強した日　月　日

☆ 水とうAには水が $\frac{2}{3}$ L 入っています。これは，水とうBに入っている水の量の $\frac{4}{7}$ にあたります。水とうBに入っている水の量は何 L ですか。

とき方 もとにする量＝比べられる量÷割合 だから，

$$\frac{2}{3} \div \boxed{} = \frac{2}{3} \times \boxed{} = \frac{\boxed{} \times \boxed{}}{\boxed{} \times \boxed{}} = \boxed{}$$

答え $\boxed{}$ L

たいせつ
比べられる量＝もとにする量×割合 だから，
もとにする量＝比べられる量÷割合

---

❶ $\frac{3}{8}$ km の道のりを歩きました。これは家から駅までの道のりの $\frac{1}{4}$ にあたります。家から駅までの道のりは何km ですか。
式

家から駅までの道のり を□kmとすると，
$\square \times \frac{1}{4} = \frac{3}{8}$
となるね。

答え（　　　　　）

❷ 3kg のお米をたきました。これは，ある店で1日に使うお米の $\frac{2}{9}$ にあたります。この店では1日に何kg のお米を使いますか。
式

答え（　　　　　）

❸ 長方形の形をした布があり，縦の長さは $\frac{3}{4}$ m です。これは，横の長さの $\frac{7}{8}$ 倍です。
❶　横の長さは何m ですか。
式

答え（　　　　　）

❷　この布の面積は何 m² ですか。
式

答え（　　　　　）

26

ポイント もとにする量を求めるときは，□を使って，かけ算の式に表してみてもよいでしょう。
比べられる量＝□×割合 なので，もとにする量＝比べられる量÷割合 で求められます。

応用のワーク

☆ ジュースが $\frac{9}{5}$ L あります。このうち $\frac{2}{7}$ を飲むと，残りは何 L になりますか。

とき方 残りの量の割合＝１－飲んだ量の割合 です。

残りの量の割合は，$1 - \boxed{} = \boxed{}$ だから，

残りの量は，$\frac{9}{5} \times \boxed{} = \boxed{}$

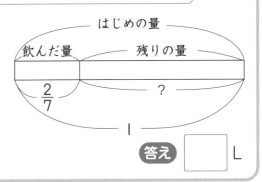

答え $\boxed{}$ L

❶ 全体で $\frac{7}{4}$ km ある道のりのうちの $\frac{3}{5}$ を進みました。

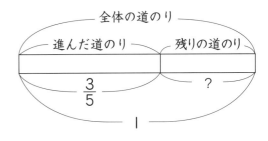

❶ 残りの道のりの割合を分数で表しましょう。

式

答え（　　　　　　　）

❷ 残りの道のりは何km ですか。

式

答え（　　　　　　　）

❷ まさおさんは，1800 円持っていましたが，そのうちの $\frac{5}{9}$ を使いました。残っているお金はいくらですか。

式

答え（　　　　　　　）

❸ 大，小 2 つの石があり，大きいほうの石の重さは $\frac{5}{3}$ kg で，小さいほうの石は大きいほうの石より $\frac{1}{10}$ だけ軽いそうです。小さいほうの石の重さは何kg ですか。

式

> 大きいほうの石の重さを1とすると，小さいほうの石の重さの割合は，
> $1 - \frac{1}{10} = \frac{9}{10}$ だね。

答え（　　　　　　　）

ポイント 割合は，もとの量を1として考えます。増えた後や減った後の割合を求めてから，計算するとよいでしょう。

まとめのテスト❶

時間 20分

答え 5ページ

得点 /100点

1 よく出る 長さ $\frac{5}{3}$ m の赤いひもと，長さ $\frac{3}{4}$ m の青いひもがあります。赤いひもの長さは青いひもの長さの何倍ですか。 1つ10〔20点〕

式

答え（　　　　　　）

2 おこづかいの 420 円のうちの $\frac{5}{6}$ を使ってノートを買いました。ノートの代金はいくらですか。 1つ10〔20点〕

式

答え（　　　　　　）

3 畑A には $\frac{3}{8}$ kg の肥料をまき，畑B には畑A の $\frac{4}{9}$ 倍の肥料をまきました。畑B には何 kg の肥料をまきましたか。 1つ10〔20点〕

式

答え（　　　　　　）

4 1 組と 2 組でツルを折りました。1 組は 210 枚の折り紙を使いましたが，これは 2 組が使った折り紙の枚数の $\frac{7}{8}$ 倍だそうです。2 組は折り紙を何枚使いましたか。 1つ10〔20点〕

式

答え（　　　　　　）

5 肉を $\frac{4}{5}$ kg 買ってきて，その $\frac{5}{12}$ を使いました。何 kg の肉が残っていますか。 1つ10〔20点〕

式

答え（　　　　　　）

□ 何倍かを分数で求めることができたかな？
□ 何倍かにあたる量を求めることができたかな？

まとめのテスト❷

答え 5ページ

時間 **20**分

得点 /100点

1 A, B2つの土地があり, Aの広さは $\frac{1}{2}$ km², Bの広さは $\frac{3}{4}$ km² です。Aの広さを1とみると, Bの広さはどれだけにあたりますか。　　　　1つ10〔20点〕

式

答え（　　　　　　）

2 よく出る 家から駅までの道のりは $\frac{4}{5}$ km で, この道のりを1とみると, 家から学校までの道のりは $\frac{7}{8}$ にあたります。家から学校までは何km ありますか。　　1つ10〔20点〕

式

答え（　　　　　　）

3 よく出る びんに入っている牛乳の $\frac{5}{6}$ にあたる $\frac{5}{3}$ L を飲みました。びんにははじめ何L の牛乳が入っていましたか。　　　　1つ10〔20点〕

式

答え（　　　　　　）

4 針金Aの長さは $\frac{7}{3}$ m で, この長さは針金Bの長さの $\frac{3}{4}$ にあたります。針金Bの長さは何m ですか。　　　　1つ10〔20点〕

式

答え（　　　　　　）

5 チャレンジ！ ある土地の $\frac{4}{15}$ を花だんにしたところ, 残りの部分の面積は $\frac{66}{5}$ m² になりました。この土地の面積は何m² ですか。　　　　1つ10〔20点〕

式

答え（　　　　　　）

 チェック ✔ □ もとにする量を求めることができたかな？
□ 増えた後や減った後の割合を使った文章題が解けたかな？

29

5 時間，速さと分数

① 速さと分数（時間と分数）
基本のワーク

勉強した日 ▶   月   日

答え 5ページ

☆ 時速 45 km の自動車は，20 分間に何 km 進みますか。

とき方 分数を使って時間の単位を変えることができます。たとえば，

$$15分 = 15 \times \frac{1}{60} 時間 = \frac{1}{4} 時間, \quad 15秒 = 15 \times \frac{1}{60} 分 = \frac{1}{4} 分$$

分数を使って時間の単位をそろえてから，速さ・道のり・時間の公式にあてはめます。

時間の単位を分から時間に変えると，

$$20分 = \frac{\square}{60} 時間 = \frac{1}{\square} 時間$$

よって，進む道のりは，

$$45 \times \square = \square$$

答え $\square$ km

たいせつ

時速 45 km と 20 分間は速さと時間の単位がそろっていないので，「分」を「時間」になおします。

$$20分 ➡ \left(20 \times \frac{1}{60}\right) 時間$$

---

1 次の時間を，（　）の中の単位で表しましょう。

❶ 45 分 （時間）
式

答え（　　　　　）

❷ 18 秒 （分）
式

答え（　　　　　）

❸ $\frac{2}{3}$ 分 （秒）
式

答え（　　　　　）

❹ $\frac{5}{4}$ 時間 （分）
式

答え（　　　　　）

2 分速 180 m で進む自転車は，50 秒間に何 m 進みますか。
式

答え（　　　　　）

3 10 km の道のりを時速 40 km の自動車で行くと，何分かかりますか。
式

何時間かかるか求めると分数になるよ。単位を分になおそう。

答え（　　　　　）

30

ポイント 速さ・道のり・時間の公式を使うときは，単位をそろえることがたいせつです。
単位をそろえたときに分数が出てきたら，約分しておきましょう。

② 速さと分数（分数をふくむ速さの問題）
基本のワーク

答え 5ページ

☆ ある電車が、$\frac{10}{3}$ km の道のりを１分15秒で進みました。この電車の速さは分速何km ですか。

とき方 3分45秒のように、２種類の単位で表された時間も、分数を使って時間の単位を１種類に変えることができます。

たとえば、45秒を△分に変えると、3分45秒 ➡ 3分 + $\frac{45}{60}$ 分 ➡ $\frac{15}{4}$ 分

時間を分の単位に変えると、

１分15秒 ＝ １分 + $\frac{15}{60}$ 分 ＝ ☐ 分

よって、電車の分速は、

$\frac{10}{3}$ ÷ ☐ ＝ ☐

答え 分速 ☐ km

さんこう

3分45秒を分の単位に変えるためには、
3分45秒 ＝ 3分 + $\frac{45}{60}$ 分 ＝ $\frac{15}{4}$ 分
というやり方のほかに、
3分45秒 ＝ 225秒 ＝ $\frac{225}{60}$ 分 ＝ $\frac{15}{4}$ 分
というようななおし方もあります。

❶ 次の問題に答えましょう。

❶ ２時間54分は何時間ですか。

式

❷ $\frac{7}{4}$ 時間は何時間何分ですか。

式

答え（　　　　　　）　　　　　　　　　答え（　　　　　　）

❷ $\frac{32}{3}$ km の道のりを、時速 $\frac{16}{5}$ km で歩くと、何時間何分かかりますか。

式

答えの「時間」が分数のときは、「△時間☐分」の形になおすことができるよ。たとえば、
$\frac{7}{3}$ 時間 ＝ $2\frac{1}{3}$ 時間 ＝ 2時間20分
のようになるよ。

答え（　　　　　　）

❸ 時速 $\frac{15}{2}$ km で１時間24分走ると、走った道のりは何kmですか。

式

答え（　　　　　　）

 ２種類の単位で表された時間はどちらかの単位にそろえます。
時間を分になおすときは 60 をかけ、分を時間になおすときは 60 でわります。

31

まとめのテスト❶

時間 **20** 分

答え 6ページ

勉強した日 ▶ 　月　　日

得点 /100点

1 次の時間を，（　）の中の単位で表しましょう。 1つ2〔16点〕

❶ 24分 （時間）

式

答え（　　　　　）

❷ 2分36秒 （分）

式

答え（　　　　　）

❸ $\frac{3}{5}$ 時間 （分）

式

答え（　　　　　）

❹ $\frac{14}{3}$ 時間 （何時間何分）

式

答え（　　　　　）

2 よく出る 分速400mで18秒間走ると，何m走りますか。 1つ10〔20点〕

式

答え（　　　　　）

3 よく出る 24kmの道のりを時速32kmの自動車で行くと，何分かかりますか。 1つ10〔20点〕

式

答え（　　　　　）

4 時速54kmの自動車で2時間40分走りました。走った道のりは何kmですか。1つ10〔20点〕

式

答え（　　　　　）

5 家からプールまでの $\frac{5}{4}$ kmの道のりを時速 $\frac{10}{3}$ kmで歩くと，何分かかりますか。1つ12〔24点〕

式

答え（　　　　　）

チェック✔ □分数を使って分を時間で表したり，秒を分で表すことができたかな？
□分数を使って表された時間の単位を別の単位で表すことができたかな？

まとめのテスト❷

答え 6ページ

時間 20分

得点 /100点

1 よく出る 分速 6km で飛ぶ飛行機は，8 分 20 秒で何 km 進みますか。　　1つ10〔20点〕

式

答え（　　　　　　　）

2 時速 $\frac{17}{4}$ km で歩くと，1 時間 36 分たったとき，何 km 進んでいますか。　　1つ10〔20点〕

式

答え（　　　　　　　）

3 よく出る 分速 $\frac{3}{5}$ km で進む電車が，8km のきょりを進むのにかかる時間は，何分何秒ですか。
1つ10〔20点〕

式

答え（　　　　　　　）

4 家から駅まで行くのに，分速 $\frac{5}{12}$ km の自転車で行くと 2 分 40 秒かかります。家から駅までの道のりは何 km ですか。　　1つ10〔20点〕

式

答え（　　　　　　　）

5 まさおさんは，$\frac{11}{6}$ km の道のりを歩くのに 24 分かかりました。時速何 km で歩きましたか。
1つ10〔20点〕

式

答え（　　　　　　　）

□ 時間の単位をそろえて速さの問題を解くことができたかな？
□ 分数をふくむ速さの問題を解くことができたかな？

33

① 円の面積
基本のワーク

答え **6ページ**

やってみよう

☆ 右の図形は，半径4cmの円を半分にしたものです。
この図形の面積を求めましょう。ただし，円周率は3.14と
します。

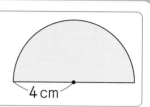
4cm

とき方 円の面積＝半径×半径×円周率 だから，

半径4cmの円の面積は，

□ × □ ×3.14＝ □

半円の面積は， □ ÷2＝ □

答え □ cm²

🐶たいせつ

円の面積＝半径×半径×円周率(3.14)
円周の長さの公式と区別しましょう。
円周＝直径×円周率(3.14)

---

1 円周率を3.14として，次のような円の面積を求めましょう。

❶ 半径が1cmの円

式

答え（　　　　　）

❷ 半径が3cmの円

式

答え（　　　　　）

❸ 直径が10cmの円

式

答え（　　　　　）

2 次の図形は，半径が8cmの円の一部です。円周率を3.14として，それぞれの図形の面積
を求めましょう。

❶ 半径が8cmの半円(円の半分)

式

答え（　　　　　）

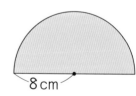
8cm

❷ 半径が8cmの円の4分の1

式

答え（　　　　　）

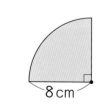
8cm

ポイント

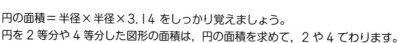

円の面積＝半径×半径×3.14 をしっかり覚えましょう。
円を2等分や4等分した図形の面積は，円の面積を求めて，2や4でわります。

② 円の面積の公式を使って
基本のワーク

答え 6ページ

☆ 右の図形は，半円を組み合わせたものです。円周率を3.14として，色をつけた部分の面積を求めましょう。

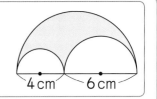
4cm 6cm

とき方 大きい半円の面積から㋐と㋑の2つの半円の面積をひいて求めます。

大きい半円の半径は，(4+6)÷2=5(cm)だから，

その面積は，5×5×3.14÷2=□

㋐ ㋑
4cm 6cm

㋐の半径は2cmだから，

その面積は，2×2×3.14÷2=□

㋑の半径は3cmだから，

その面積は，3×3×3.14÷2=□

よって，求める面積は，

□－□－□=□

答え □ cm²

さんこう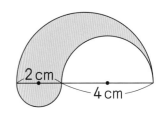

5×5×3.14÷2－2×2×
3.14÷2－3×3×3.14÷2
=12.5×3.14－2×3.14
　　　　　－4.5×3.14
=(12.5－2－4.5)×3.14
=6×3.14
のようにくふうして計算すると，
計算のミスが減ります。

---

1 右の図形は，半円を組み合わせたものです。円周率を3.14として，色をつけた部分の面積を求めましょう。

式

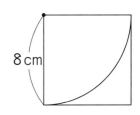
2cm 4cm

答え（　　　　　　）

---

2 右の図形は，正方形と円の一部を組み合わせたものです。円周率を3.14として，色をつけた部分の面積を求めましょう。

式

8cm

答え（　　　　　　）

---

3 右の図形は，正方形と半円を組み合わせたものです。円周率を3.14として，色をつけた部分の面積を求めましょう。

式

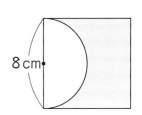
8cm

答え（　　　　　　）

 ポイント いろいろな図形の面積の求め方をよく理解しましょう。
多くの場合，円や四角形などの基本的な図形の組み合わせになっています。

35

まとめのテスト❶

時間 20分

答え 6ページ

得点 /100点

勉強した日 月 日

1 よく出る 円周率を 3.14 として，次のような円の面積を求めましょう。 1つ10〔40点〕

① 半径が 5cm の円

式

答え（ 　　　　　 ）

② 直径が 4cm の円

式

答え（ 　　　　　 ）

2 よく出る 次の図形は円の一部です。円周率を 3.14 として，それぞれの図形の面積を求めましょう。 1つ10〔40点〕

① 半径が 6cm の半円（円の半分）

式

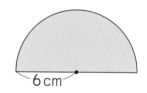

6cm

答え（ 　　　　　 ）

② 半径が 2cm の円の 4 分の 1

式

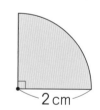

2cm

答え（ 　　　　　 ）

3 右の図形は，直角二等辺三角形と円の一部を組み合わせたものです。円周率を 3.14 として，色をつけた部分の面積を求めましょう。 1つ10〔20点〕

式

8cm

答え（ 　　　　　 ）

□ 円の面積を求めることができたかな？
□ 円を 2 等分や 4 等分した図形の面積を求めることができたかな？

まとめのテスト❷

時間 **20** 分

答え **7ページ**

得点

/100点

勉強した日 月 日

1 円周率を 3.14 として，直径が 5cm の円の面積を求めましょう。

1つ10〔20点〕

式

答え（　　　　　　　　）

2 よく出る 円周率を 3.14 として，次の問題に答えましょう。

1つ10〔40点〕

❶ 右の図形は，円と正方形を組み合わせたものです。
色をつけた部分の面積を求めましょう。

式

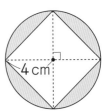

4cm

答え（　　　　　　　　）

❷ 右の図形は，円の一部と正方形を組み合わせたものです。
色をつけた部分の面積を求めましょう。

式

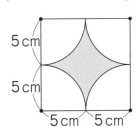

5cm
5cm
5cm　5cm

答え（　　　　　　　　）

 3 円周が 25.12cm の円があります。円周率を 3.14 として，次の問題に答えましょう。

❶ この円の半径を求めましょう。

1つ10〔40点〕

式

答え（　　　　　　　　）

❷ この円の面積を求めましょう。

式

答え（　　　　　　　　）

 □ 円の一部と三角形や四角形を組み合わせた形の面積を求めることができたかな？
□ 円周の長さから，円の半径や面積を求めることができたかな？

37

① 並べ方 (1)
基本のワーク

答え　7ページ

やってみよう

☆ A, B, C, D の4人が, 縦1列に並びます。

❶ A が先頭のとき, ほかの人の並び方は何とおりありますか。

❷ 4人の並び方は, 何とおりありますか。

とき方 並び方が何とおりあるかを調べるときは, 表にしたり, 図をかいたりして, 落ちや重なりがないように気をつけます。

また, 同じような起こり方になる部分に着目した数え方のくふうにも慣れましょう。

A が先頭のとき ➡ □とおり
B, C, D が先頭のときも同じ
➡ 全部で, □とおりが4つ

❶ A が先頭のときを順序よく数えると, 右の図の
　□とおり

❷ B, C, D が先頭のときも同じだから, 全部で, □×4=□(とおり)

答え ❶ □とおり ❷ □とおり

```
        C —— D
    B <
        D —— C
        B —— D
A — C <
        D —— B
        B —— C
    D <
        C —— B
```

さんこう

左のような図を,「樹形図」といいます。落ちや重なりがないように数え上げるのにとても役立ちます。
また, A が先頭のときだけを数えて全体の並び方を求める, といったくふうがわかりやすくなります。

❶ 赤, 青, 黄の3色を全部使って, 右の図形をぬり分けます。ぬり分け方は, 何とおりありますか。

（　　　　　　　）

❷ 6年生のクラス対こうの合唱大会で, 1組から4組までの合唱する順番を決めるとき, 全部で何とおりの順番がありますか。

（　　　　　　　）

❸ A, B, C, D の4人の中から, 委員長, 副委員長, 書記の3つの委員を1人ずつ決めます。

❶ A が委員長になるとき, 残りの2つの委員の決め方は何とおりですか。

（　　　　　　　）

❷ 3つの委員の決め方は何とおりですか。
式

答え（　　　　　　　）

下のような図をかこう！

```
委員長　副委員長　書記
              C
          B <
              D
              B
A —— C <
              D
          <
```

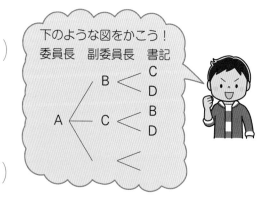

38

ポイント 落ちや重なりがないように気をつけて, 図や表をうまく使って順序よく数えます。また, 同じ起こり方に着目した, 計算による求め方も身につけましょう。

② 並べ方 (2)
基本のワーク

答え 7ページ

☆ 10円, 50円, 100円, 500円の4枚の硬貨を同時に投げるとき, 表と裏の出方は全部で何とおりありますか。

とき方 表か裏かなどのように, 起こり方が2とおりの場合について調べます。

表→○, 裏→● のように, 簡単な記号で表して, 図や表をつくって数えましょう。

この場合も, 同じような起こり方に着目した数え方のくふうがたいせつです。

表を○, 裏を●として, 10円が○のときを調べると, 右の表のように, [　　] とおり。

10円が●のときも同じだから, 全部で,

[　　] × 2 = [　　]（とおり）

答え [　　] とおり

┌ 10円が○のとき ➡ □とおり
├ 10円が●のときも同じ
└ ➡ 全部で, □とおりの2倍

10円	50円	100円	500円
○	○	○	○
○	○	○	●
○	○	●	○
○	○	●	●
○	●	○	○
○	●	○	●
○	●	●	○
○	●	●	●

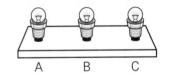
たいせつ

10円が表か裏か
➡ 50円が表か裏か
➡ 100円が表か裏か
➡ 500円が表か裏か
のように, きちんとした順番に表か裏かを調べていって, 落ちや重なりがないようにします。

❶ A, B, Cの3個の電球が横1列に並んでいます。電球のつけ方は, 全部で何とおりありますか。ただし, 全部つける場合や1つもつけない場合も1とおりと数えるものとします。

（　　　　　　　）

❷ 右の図の4つの○に, それぞれ赤か青の色をぬります。

○ ○ ○ ○

❶ 左はしの○に赤をぬるとき, 残りの3つの○のぬり方は何とおりありますか。

（　　　　　　　）

❷ 4つの○のぬり方は, 全部で何とおりありますか。
式

答え（　　　　　　　）

❸ A, B, C, Dの4人を, それぞれ1組か2組に入れます。全部で何とおりの入れ方がありますか。ただし, 4人とも同じ組に入れてもよいものとします。

1組を①, 2組を②として, ①か②の並べ方の数を数えるといいよ。

（　　　　　　　）

ポイント 2とおりの起こり方を並べる問題では, その起こり方を簡単な記号で表すとわかりやすくなります。図や表を使って, その記号の並べ方を数えましょう。

③ 組み合わせ方 (1)
基本のワーク

答え 7ページ

☆ A, B, C, D の 4 人でうでずもうの試合をします。
どの人もちがった相手と 1 回ずつ試合をします。
　❶ A がする試合は, 何とおりありますか。
　❷ 試合は, 全部で何とおりありますか。

とき方　組み合わせの数を調べる問題です。落ちや重なりがないように数えるために, 並べ方のときと同じように, 図をかいたり表を使ったりして調べます。

❶ 表を使って数えると, 下のようになります。
　A の試合は, 表の 〔　　〕 とおりです。

A の試合	A-B	A-C	A-D
B の試合	B-A	B-C	B-D
C の試合	C-A	C-B	C-D
D の試合	D-A	D-B	D-C

たいせつ

並べ方では, A-BとB-Aは区別しますが, 組み合わせでは, A-BとB-Aは同じと考えます。

❷ B, C, D の試合数も同じ。しかし, 同じ試合を 2 度ずつ数えているので,
　全部で, 〔　〕×4÷〔　〕＝〔　　〕 (とおり)

答え ❶ 〔　　〕 とおり ❷ 〔　　〕 とおり

❶ 右の図のA点からD点までのうちの 2 つの点を直線で結ぶとき, 直線は全部で何本ひけますか。

A・
　　　　　　　　　　　　　　　　　　　　　　　　　　　B・　　　・D

　　　　　　　　　　　　　　　　　　　　　　　　　　　　　・C

結んだ線の数は, 4つの点から2つの点を選ぶ組み合わせの数と同じだよ。

（　　　　　　）

❷ 1 組から 3 組までの 3 クラスでバスケットボールの試合をします。どのクラスもちがうクラスと 1 試合ずつするとき, 試合は全部で何とおりありますか。

（　　　　　　）

❸ 国語, 算数, 理科, 社会の 4 科目の中から 2 科目を選んで勉強をします。科目の選び方は, 全部で何とおりありますか。

（　　　　　　）

　並べ方と組み合わせのちがいをよく理解しましょう。
並べ方がちがっても組み合わせとしては同じものとして数える場合に気をつけます。

④ 組み合わせ方 (2)
基本のワーク

答え 7ページ

☆ 右のような紙をぬり分けるのに，赤，青，黄，黒，白の 5 色の中から 2 色を選びます。2 色の選び方は，全部で何とおりありますか。

とき方 ものの数が多い場合などの組み合わせの数の調べ方について考えます。

ものの数が多い場合でも，図や表を利用して調べることが基本になります。

ただし，数が多くなるとあてはまる組み合わせの数も大きくなるので，なるべく簡単になるようにくふうします。

2 色の選び方を，樹形図を使って書き出すと，右のようになり，全部で ☐ とおりになります。

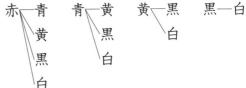

答え ☐ とおり

たいせつ
2 つ以上のものの組み合わせは，(樹形)図，表などを使って数えます。
下の❶，❷のように，2 つの点を結ぶ線の本数を調べるやり方もあります。

❶ 右の図の A 点から E 点までのうちの 2 つの点を直線で結ぶとき，直線は全部で何本ひけますか。

A
・
　　　　・E
B・・
・　　・D
C

(　　　　　　　)

❷ みかん，りんご，なし，ぶどう，メロンの 5 種類のくだものの中から 2 種類を選びます。何とおりの選び方がありますか。右の図を使って調べましょう。

　　　　み
　り　　　　メ
　　な　　ぶ

(　　　　　　　)

❸ 月曜日から土曜日までの 6 日間から 2 日間を選んで家の手伝いをします。曜日の選び方は，全部で何とおりありますか。右の表を使って調べましょう。

	月	火	水	木	金	土
月						
火						
水						
木						
金						
土						

このような表にすると，数が大きい場合でも調べやすいね。

(　　　　　　　)

ポイント 樹形図を使って調べるときは，順序を決めて重ならないように書き出します。
表を使ってうまく調べる方法にも慣れましょう。

⑤ いろいろな場合の数の問題 (1)
基本のワーク

答え 7ページ

やってみよう

☆ ①, ②, ③ の 3 枚のカードを並べて，3 けたの整数をつくります。
  ❶ 3 けたの整数は，全部で何とおりできますか。
  ❷ 奇数は何とおりできますか。

とき方 できる整数の個数は，カードの並べ方の数と同じです。

❶ カードの並べ方の数を調べます。

百の位が 1 のとき，右の 2 とおり。

百の位が 2，3 のときも同じだから，

全部で 2×□＝□（とおり）

❷ 奇数になるのは，一の位が奇数の 1 か 3 のときです。

一の位が 1 のとき，右の 2 とおり。

一の位が 3 のときも同じだから，

全部で 2×□＝□（とおり）

```
百  十  一
 |< 2—3
    3—2
```

```
百  十  一
 2—3 >|
 3—2
```

数の特ちょう
偶数 ➡ 一の位が偶数 0，2，4，6，8
奇数 ➡ 一の位が奇数 1，3，5，7，9
5 の倍数 ➡ 一の位が 0，5

答え ❶ □ とおり ❷ □ とおり

❶ ①, ③, ⑤ の 3 枚のカードを並べて，3 けたの整数をつくります。
  ❶ 3 けたの整数は，全部で何とおりできますか。

（　　　　　）

  ❷ 5 の倍数は，全部で何とおりできますか。

（　　　　　）

❷ ②, ④, ⑤, ⑥ の 4 枚のカードから 3 枚を選んで並べて，3 けたの整数をつくります。
  ❶ 3 けたの整数は，全部で何とおりできますか。

（　　　　　）

  ❷ 奇数は，全部で何とおりできますか。

整数全体から奇数を取り除いた残りが偶数だね。

（　　　　　）

  ❸ 偶数は，全部で何とおりできますか。

（　　　　　）

ポイント カードで整数をつくる問題は重要です。奇数や偶数についてもまとめておきましょう。
❷ ❸のように残りに着目する解き方にも慣れておくことがたいせつです。

⑥ いろいろな場合の数の問題 (2)
基本のワーク

答え 7ページ

☆ 1g, 2g, 4g, 8gのおもりが1個ずつあります。これらのおもりをてんびんの片側にのせて, 重さをはかります。はかることのできる重さは何とおりありますか。

とき方 組み合わせによって何とおりの重さをはかれるかを数える問題です。落ちや重なりがないように, 細心の注意をして, きちんとした順番にそって数えなければなりません。

さんこう

落ちや重なりをなくす1つの方法は,
　1つだけを使う場合
　2つを組み合わせる場合
　3つを組み合わせる場合, …
などに分けて順に調べることです。

右のような表にすると調べやすいね。
表では, おもりを1個使うとき(○が1つ),
2個使うとき (○が2つ), …のように,
順に分類して重さを計算しているよ。

使うおもりの数によって分けて数えます。

右の表より,

　1個使うとき…1g, 2g, 4g, 8g
　2個使うとき…□g, 5g, 9g, 6g, 10g, 12g
　3個使うとき…□g, 11g, 13g, □g
　4個使うとき…□g
　全部で 4+□+4+1=□ (とおり)

答え □ とおり

1g	2g	4g	8g	重さ (g)
○				1
	○			2
		○		4
			○	8
○	○			3
○		○		5
○			○	9
	○	○		6
	○		○	10
		○	○	12
○	○	○		7
○	○		○	11
○		○	○	13
	○	○	○	14
○	○	○	○	15

❶ 1g, 2g, 5g, 9gのおもりが1個ずつあります。これらのおもりをてんびんの片側にのせて, 重さをはかります。はかることのできる重さは, 全部で何とおりありますか。

（　　　　　）

❷ 1dL, 2dL, 4dL, 10dL のカップが1個ずつあります。これらのカップのいくつかを使ってはかることのできる体積は, 全部で何とおりありますか。

（　　　　　）

❸ 10円, 50円, 80円, 90円の4種類の切手が1枚ずつあります。これらの切手を使ってできる金額は, 全部で何とおりありますか。

（　　　　　）

ポイント いろいろな組み合わせでできるものが何とおりあるかを調べるときは, すべての組み合わせを考えなければならないので, きちんと分類して考えることがたいせつです。

43

まとめのテスト❶

時間 20分

答え 7ページ

得点 /100点

1 よく出る 1列に並んでいる 3 つの座席に，A，B，C の 3 人が座ります。座り方は，全部で何とおりありますか。 〔20点〕

(　　　　　　　)

2 よく出る ある小テストで，4 つの問題に○か×で答えます。○か×のつけ方は，全部で何とおりありますか。 〔20点〕

(　　　　　　　)

3 よく出る いちご，マロン，チョコ，メロンの 4 種類のケーキの中から，2 種類を選びます。選び方は，全部で何とおりありますか。 〔20点〕

(　　　　　　　)

4 赤，青，黄，緑，黒の 5 色の色紙があります。この中から，折りづるをつくるのに使う 4 色を選びます。色の選び方は，全部で何とおりありますか。 〔20点〕

(　　　　　　　)

5 1，2，3 の 3 枚のカードを並べて，3 けたの整数をつくります。 1つ10〔20点〕
❶ 百の位が 2 である整数は何とおりできますか。

(　　　　　　　)

❷ 偶数は何とおりできますか。

(　　　　　　　)

チェック ✓ □ 樹形図を使って並べ方の場合の数を求めることができたかな？
□ 表を使って並べ方の場合の数を求めることができたかな？

まとめのテスト❷

答え 7ページ

時間 20分

得点 /100点

1 A, B, C, D, Eの5人が, 縦1列に並びます。Aが先頭のとき, 他の人の並び方は何とおりありますか。 〔20点〕

( )

2 ①, ②, ③, ④, ⑤の5個の玉があります。それぞれの玉をAの箱かBの箱のどちらかに入れるとき, 全部で何とおりの入れ方がありますか。ただし, 5個の玉をすべてどちらか一方の箱に入れてもよいものとします。 〔20点〕

( )

3 父, 母, 兄, 弟, 妹の5人の家族で近くの公園に行くのに, 5人のうちの3人が自転車に乗り, 残りの2人が歩いて行くことにします。自転車に乗る3人の選び方は, 全部で何とおりありますか。 〔20点〕

( )

4 ②, ③, ④, ⑥の4枚のカードを並べて, 4けたの整数をつくります。 1つ10〔20点〕
❶ 4けたの整数は, 全部で何とおりできますか。

( )

❷ 偶数は何とおりできますか。

( )

5 よく出る 2g, 4g, 8g, 16gのおもりが1個ずつあります。これらのおもりをてんびんの片側にのせて, 重さをはかります。はかることのできる重さは, 全部で何とおりありますか。 〔20点〕

( )

□ 樹形図や表を使って組み合わせの場合の数を求めることができたかな？
□ 並べ方と組み合わせ方のちがいが理解できたかな？

45

① 比の表し方
基本のワーク

答え 8ページ

☆ ケーキを作るのに，小麦粉50gと砂糖30gを混ぜました。小麦粉と砂糖の重さの比を求めましょう。

とき方 2つの量aとbの割合をa:bで表したものを比といいます。

比は，a:bの両方に同じ数をかけたり，両方を同じ数でわったりして簡単にできます。比を簡単にして答えを求めましょう。

$$50:30=(50÷10):(30÷\boxed{})$$
$$=\boxed{}:\boxed{}$$

答え $\boxed{}:\boxed{}$

たいせつ
比を答えるときは，できるだけ簡単な比にしておきます。
分数で答えるときにかならず約分しておくのと同じです。

① 水100mLとしょうゆ30mLのかさの比を求めましょう。

比には単位はつけないよ。

(　　　　　)

② じゃがいもが，畑Aから480kg，畑Bから640kgとれました。畑Aと畑Bのとれたじゃがいもの重さの比を求めましょう。

(　　　　　)

③ 算数の勉強を，兄は90分，弟は54分しました。兄と弟の勉強した時間の比を求めましょう。

(　　　　　)

④ おばさんからもらった1000円を姉と妹で分けました。姉のもらった金額が600円のとき，姉と妹の金額の比を求めましょう。

(　　　　　)

ポイント
2つの量aとbの割合の関係を，a:bのように「比」で表すことができます。
比の値$\frac{a}{b}$は，aがbに対してどれだけの割合にあたるかを表します。

② 比の問題（比の一方の値）
基本のワーク

答え 8ページ

やってみよう

☆ 縦と横の長さの比が２：３の長方形があります。縦の長さが16cmのとき，横の長さは何cmですか。

とき方 横の長さを x cm とすると， $2:3=16:x$

16が２の何倍になっているかを調べると，

16÷□＝□

したがって， x にあてはまる数は，

3×□＝□

答え □ cm

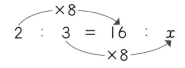

$$2 : 3 = 16 : x$$
×8（上）　×8（下）

🐶 **たいせつ**

等しい比には，下のような関係があります。
例
$3:4=6:8$ （×2）
$9:12=3:4$ （÷3）

---

❶ ある日の公園内に居たおとなと子どもの人数の比は 6：7 です。おとなが54人のとき，子どもは何人ですか。

式

答え（　　　　　）

❷ 2本の棒A，Bがあり，長さの比は 5：8 です。棒Aの長さが60cmのとき，棒Bの長さは何cmですか。

式

答え（　　　　　）

❸ りんご1個となし1個の値段の比は 7：9 です。なし1個の値段が162円のとき，りんご1個はいくらですか。

式

わかっているのは「なし」の値段のほうだね！

答え（　　　　　）

❹ 牛乳を，姉と妹の飲む量が 6：5 になるように分けて飲みます。妹が250mL飲むとき，姉は何mL飲みますか。

式

答え（　　　　　）

ポイント　比で表された量のうち，一方がわかればもう一方もわかります。
一方が何倍になっているかを求め，求めた数をもう一方にかけます。

③ 比の問題（全体の量を比に分ける問題）
基本のワーク

答え 8ページ

☆ おとなと子どもが合わせて25人います。おとなと子どもの人数の比が2：3であるとき，おとなは何人ですか。

とき方 全体の量がわかっているので，部分と全体の比の関係から，部分の量を求めます。

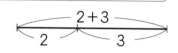

おとなの人数を2とみると，全体は2＋3＝5なので，おとなの人数は，

$$25 \times \frac{2}{\boxed{}} = \boxed{}$$

答え $\boxed{}$ 人

たいせつ
比が$a：b$のとき，aと全体の比は，$a：(a＋b)$になります。

① 画用紙が36枚あります。これらの画用紙を兄と妹で枚数の比が4：5になるように分けるとき，兄の枚数は何枚になりますか。
式

兄：妹＝4：5だから，全体＝4＋5＝9だね。

答え（　　　　　　　）

② 900mLの水をAのビンとBのビンに分けて入れます。入れる量の比が7：8になるようにするとき，Aのビンには何mLの水を入れますか。
式

答え（　　　　　　　）

③ お父さんからもらった2000円を，兄と弟で金額の比が7：3になるように分けます。弟がもらう金額はいくらになりますか。
式

答え（　　　　　　　）

④ 土と水を重さの比が5：3になるように混ぜたところ，全体の重さがちょうど1kgになりました。水は何g混ぜましたか。
式

答え（　　　　　　　）

ポイント ある量を$a：b$に分けるときは，ある量（全体）と分ける部分の比を考えます。分ける部分が$a：b$のとき，全体は$a＋b$にあたります。

④ 比の問題（いろいろな比の問題）
応用のワーク

答え 8ページ

やってみよう

☆ 兄と弟の持っていた金額の比は 3 : 2 で，2 人の金額を合わせると 2400 円でした。2 人が 400 円ずつ使ったとき，兄と弟の残っている金額の比を求めましょう。

とき方 まず，はじめに持っていた金額を求めます。すると，残った金額が計算できます。

兄と弟がはじめに持っていた金額は，

兄 → $2400 \times \dfrac{3}{\boxed{}} = \boxed{}$　弟 → $2400 \times \dfrac{2}{\boxed{}} = \boxed{}$

兄と弟の残っている金額は，

$\boxed{} - 400 = \boxed{}$　$\boxed{} - 400 = \boxed{}$

求める比は，

$\boxed{} : \boxed{} = \boxed{} : \boxed{}$

答え $\boxed{} : \boxed{}$

さんこう

この問題は次の求め方の組み合わせです。
① 比の関係からもとの量を求める。
② 残りの量の割合を比で表す。

1 姉と妹の持っていた金額の比は 7 : 4 で，姉が持っていた金額は 3500 円でしたが，姉は妹に 500 円あげました。

❶ 妹がはじめに持っていた金額を求めましょう。

式

答え（　　　　　）

❷ 姉が妹に 500 円あげたあと，姉と妹が持っている金額の比を求めましょう。

式

答え（　　　　　）

2 ひろしさんとゆかさんの持っていた金額の比は 4 : 1 で，2 人の金額を合わせると 2000 円でしたが，ひろしさんがゆかさんに 200 円あげました。
いま 2 人が持っている金額の比を求めましょう。

式

答え（　　　　　）

ひろしさんの持っていた金額は，2000 円の $\dfrac{4}{4+1} = \dfrac{4}{5}$（倍）の金額になるね。

3 ある長方形のまわりの長さは 80 cm で，縦と横の長さの比は 3 : 5 です。この長方形の縦と横を 10 cm ずつのばしたとき，縦と横の長さの比を求めましょう。

式

答え（　　　　　）

ポイント ちょっと難しそうな問題でも，これまで習った解き方を利用すると解けることがあります。問題をよく読んで，何がわかっているかを整理しましょう。

8 比

まとめのテスト❶

時間 **20** 分

得点 /100点

答え 8ページ

1 砂糖80gと食塩50gの重さの比を求めましょう。　1つ10〔20点〕

式

答え（　　　　　　　　）

2 よく出る　赤玉と白玉がふくろに入っていて，個数の比は3：4です。赤玉が24個のとき，白玉は何個ですか。　1つ10〔20点〕

式

答え（　　　　　　　　）

3 28個のあめを，兄と弟に5：2の割合で分けます。弟のあめは何個ですか。　1つ10〔20点〕

式

答え（　　　　　　　　）

4 よく出る　まわりの長さが140cmの長方形があり，縦と横の長さの比は4：3です。この長方形の面積は何cm²ですか。　1つ10〔20点〕

式

答え（　　　　　　　　）

5 チャレンジ！　あきらさんと妹の持っていた金額の比は6：5で，あきらさんが持っていた金額は3000円でした。2人が1000円ずつ出し合って，お母さんのプレゼントを買いました。あきらさんと妹の残っている金額の比を求めましょう。　1つ10〔20点〕

式

答え（　　　　　　　　）

□2つの量の割合を比で表すことができたかな？
□等しい比の性質を使って問題を解くことができたかな？

1 電車とバスを使って遠足に行きました。電車の料金が640円，バスの料金が240円だったとき，電車とバスの料金の比を求めましょう。　　　　　1つ10〔20点〕

式

答え（　　　　　　　　　　）

2 2つの荷物A，Bがあり，Aの重さは1.2kgで，AとBの重さの比は4：3です。Bの重さは何gですか。　　　　　1つ10〔20点〕

式

答え（　　　　　　　　　　）

3 よく出る　まさおさんと弟は，お金を出し合って1200円の本を買います。2人が出し合う金額の比が5：3になるようにするとき，まさおさんはいくら出しますか。　　　　　1つ10〔20点〕

式

答え（　　　　　　　　　　）

4 大小2つの正方形があり，1辺の長さの比は3：2です。また，まわりの長さの合計は60cmです。大きいほうの正方形の1辺の長さは何cmですか。　　　　　1つ10〔20点〕

式

答え（　　　　　　　　　　）

5 2つの土地A，Bがあり，面積は合わせて36m²で，AとBの面積の比は5：4です。それぞれの土地の4m²ずつを花だんにしたとき，残りの部分の面積の比を求めましょう。　　　　　1つ10〔20点〕

式

答え（　　　　　　　　　　）

□ 全体の量を，部分と部分の比で分ける問題が解けたかな？
□ 比を使ったいろいろな文章題が解けたかな？

51

9 拡大図と縮図

① 拡大図と縮図
基本のワーク

答え 8ページ

やってみよう

☆ 右の図で，①は⑦の拡大図です。

❶ 辺 AD に対応する辺はどれですか。

❷ 辺 FG の長さは何 cm ですか。

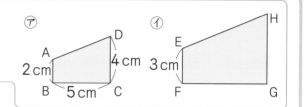

とき方 もとの図を，対応する角の大きさを変えないで，辺の長さを同じ割合でのばした図を拡大図といいます。

また，縮めた図を縮図といいます。

❶ 角の大きさから，A と E，B と F，C と ［　　］，［　　］ と H がそれぞれ対応することがわかります。

❷ $5 \times \dfrac{\boxed{}}{2} = \boxed{}$

答え ❶ 辺 ［　　　　］ ❷ ［　　　］cm

拡大図や縮図の性質

● 対応する角の大きさはすべて等しい。
● 対応する辺の長さの比はすべて等しい。

たいせつ

拡大図や縮図で，対応する点を見つけるためには，角の大きさや，2 つの辺の長さの比を調べてみましょう。

❶ 下の図で，⑦の拡大図，縮図になっているのはそれぞれどれですか。

⑦ 　　① 　　⑦ 　　① 　　⑦

三角形の部分の形に目をつけるとわかりやすいね。

拡大図 （　　　　　　　）　　縮図 （　　　　　　　　　）

❷ 右の図で，①は⑦の縮図です。

❶ 角 B に対応する角はどれですか。

（　　　　　　　）

❷ 辺 GH の長さは何 cm ですか。

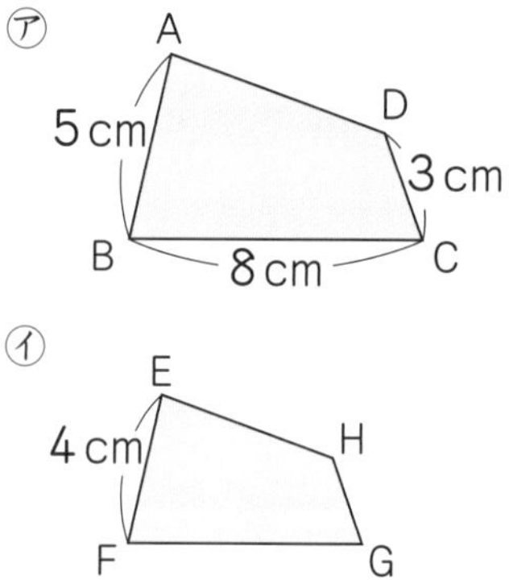

（　　　　　　　）

❸ 方眼を使って図⑦の三角形の 2 倍の拡大図と $\dfrac{1}{2}$ の縮図をかきましょう。

⑦　　　　　〈2倍の拡大図〉　　　〈$\dfrac{1}{2}$ の縮図〉

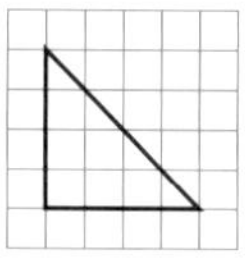

52

ポイント　対応する辺の長さが 2 倍になるように拡大した図を，もとの図の 2 倍の拡大図といいます。また，$\dfrac{1}{2}$ になるように縮小した図を，もとの図の $\dfrac{1}{2}$ の縮図といいます。

② 拡大図と縮図のかき方 (1)
基本のワーク

答え 9ページ

☆ 右の三角形 ABC の $\frac{1}{2}$ の縮図をかきましょう。

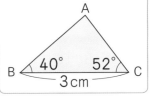

とき方 三角形の拡大図や縮図は，辺の長さや対応する角の大きさをはかってかくことができます。その場合，

① 辺の長さ ➡ 拡大図や縮図の割合だけ長さをのばしたり縮めたりする。

② 角の大きさ ➡ もとの図と同じ大きさにする。

上の三角形 ABC の縮図は，辺 BC の長さを $\frac{1}{2}$ にし，その両はしの角 B と角 C の大きさはそのままにしてかきます。

答え

たいせつ

三角形のかき方には，次の3つがあります。
〈1〉3つの辺の長さを使ってかく。
〈2〉2つの辺とその間の角を使ってかく。
〈3〉1つの辺とその両はしの角を使ってかく。

1 右の三角形 ABC の2倍の拡大図をかきましょう。

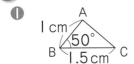

2 ❶は三角形 ABC の2倍の拡大図，❷は三角形 DEF の $\frac{1}{2}$ の縮図をそれぞれかきましょう。

❶

❷
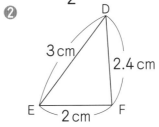

3 右の図で，㋑は㋐の拡大図です。

❶ ㋑は㋐の何倍の拡大図ですか。

(   )

❷ 角 D の大きさは何度ですか。

(   )

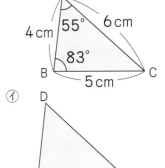

❸ 辺 DE の長さは何 cm ですか。

(   )

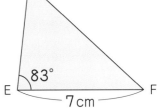

ポイント 辺の長さや角の大きさを使って，三角形の拡大図や縮図をかきます。
合同な三角形のかき方を思い出し，三角形の3通りのかき方をまとめておきましょう。

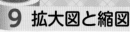

③ 拡大図と縮図のかき方 (2)
基本のワーク

答え 9ページ

☆ 右の図で，四角形 EBFG は四角形 ABCD の 2 倍の拡大図です。

① 辺 BE の長さは何 cm ですか。

② 辺 GF の長さは何 cm ですか。

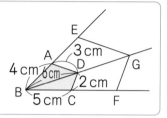

とき方 拡大図や縮図をかくとき，1 つの点を中心にしてかくことができます。

その場合，1 つの点を決め，その点を中心にして，その点からのきょりを同じ割合でのばしたり縮めたりしてかきます。

① 辺BE は 辺BA を 2 倍にのばしたものです。

② 対応する辺の長さも 2 倍になります。

たいせつ

1 つの点を中心にして拡大図や縮図をかくとき，
(ア) その点からのばす割合は同じ
(イ) 対応する辺の長さの割合も同じ

答え ① [　　　] cm

② [　　　] cm

❶ 右の図で，四角形EBFG は四角形ABCD の $\frac{1}{2}$ の縮図です。

① 辺BF の長さは何cm ですか。

(　　　　)

② 辺EG の長さは何cm ですか。

(　　　　)

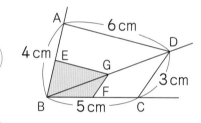

❷ 図のような三角形ABC があります。

① 点A を中心にして，$\frac{1}{2}$ の縮図をかきましょう。

② 点B を中心にして，2 倍の拡大図をかきましょう。

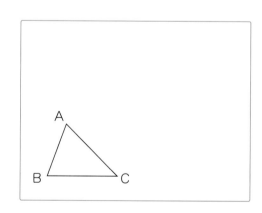

❸ 右の図で，三角形DBE は三角形ABC の 3 倍の拡大図です。

① 辺DE の長さは何cm ですか。

(　　　　)

② 直線CE の長さは何cm ですか。

(　　　　)

3 倍の拡大図だから，のばす割合も 3 倍，対応する辺の長さも 3 倍なんだ！

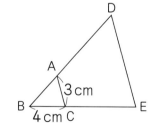

拡大図や縮図をかくとき，中心にする点は，図形の頂点でもよいし，図形上にない点でもかまいません。

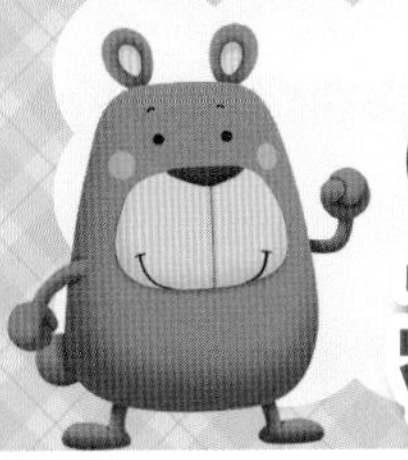

④ 縮図の利用
基本のワーク

答え 9ページ

やってみよう

☆ 右の図㋐のAC間の実際の長さを求めるために，AB間のきょりやA地点，B地点からC地点を見たときの角度をはかりました。㋑はその縮図をかいたものです。AC間の実際の長さを求めましょう。

㋐
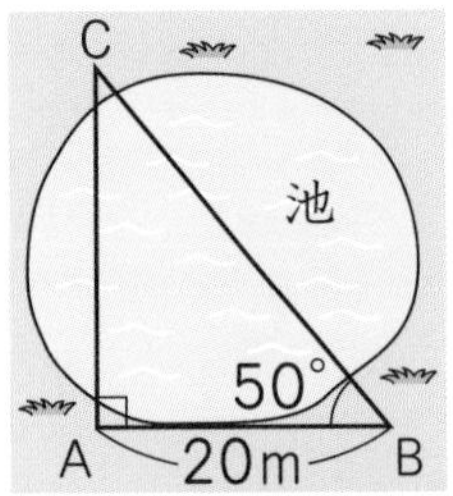

㋑
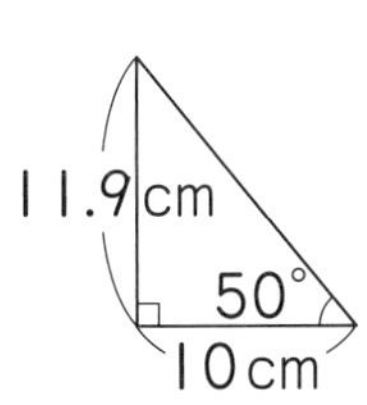

[とき方] 縮図を利用して，実際の長さを求めるには，縮図の割合をもとにして計算します。

20m＝2000cmより，実際の長さは縮図の長さに対して，2000÷10＝□(倍)

実際の長さは，

11.9×□÷100＝□

[答え] 約□m

ちゅうい

単位に気をつけます。
実際の長さは 20m＝2000cm
縮図での長さは 10cm
これから，実際の長さは縮図での長さの何倍かを求めます。

縮図の割合＝$\frac{縮図での長さ}{実際の長さ}$

1 木の高さを求めるために，右の図㋐のように長さや角度をはかりました。㋑はその縮図をかいたものです。実際の木の高さを求めましょう。

㋐
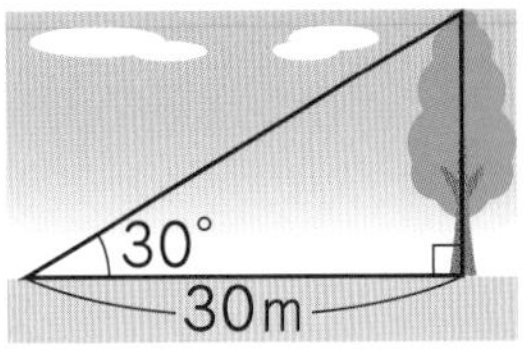

㋑
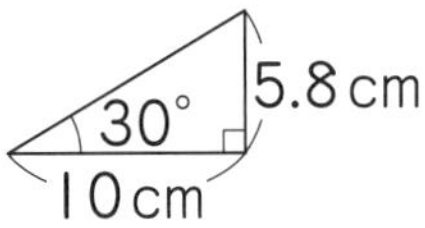

[式]

答え（　　　）

2 右の図㋐のような建物のPQ間の長さを求めるために，㋑のような縮図をかいて辺ACの長さをはかると18cmでした。PQ間の実際の長さを求めましょう。

㋐
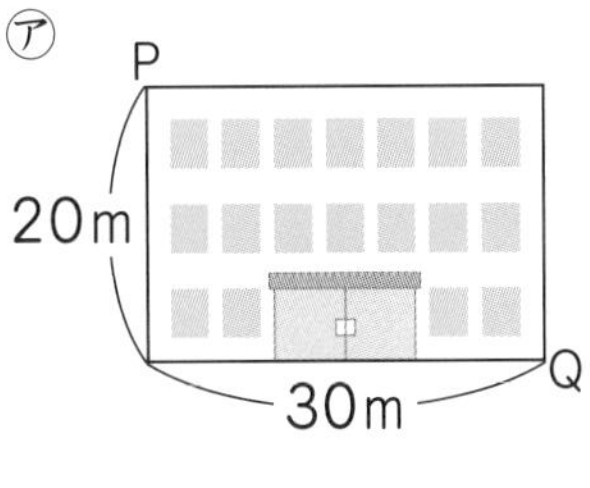

㋑
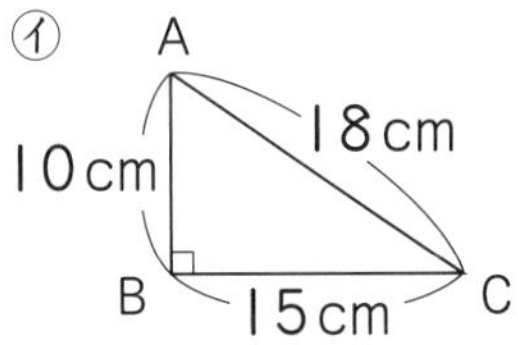

[式]

答え（　　　）

3 10kmのきょりを20cmに縮めてかいた地図があります。

❶ この地図の縮尺(しゅくしゃく)を分数で表しましょう。

（　　　）

縮尺というのは，縮図の割合のことだよ。

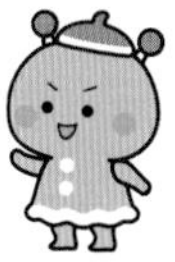

❷ この地図上で3.5cmはなれている2地点間の実際のきょりは何kmですか。

[式]

答え（　　　）

ポイント

実際の長さをはかることができない場合に，縮図を利用して長さを計算で求めます。
そのとき，実際の長さの単位(kmやm)と縮図の単位(cmなど)に気をつけます。

まとめのテスト①

時間 **20**分

答え 9ページ

得点 /100点

1 下の図で，㋐の拡大図または縮図になっているのはそれぞれどれですか。 1つ10〔20点〕

㋐　　　　㋑　　　　㋒　　　　㋓　　　　㋔

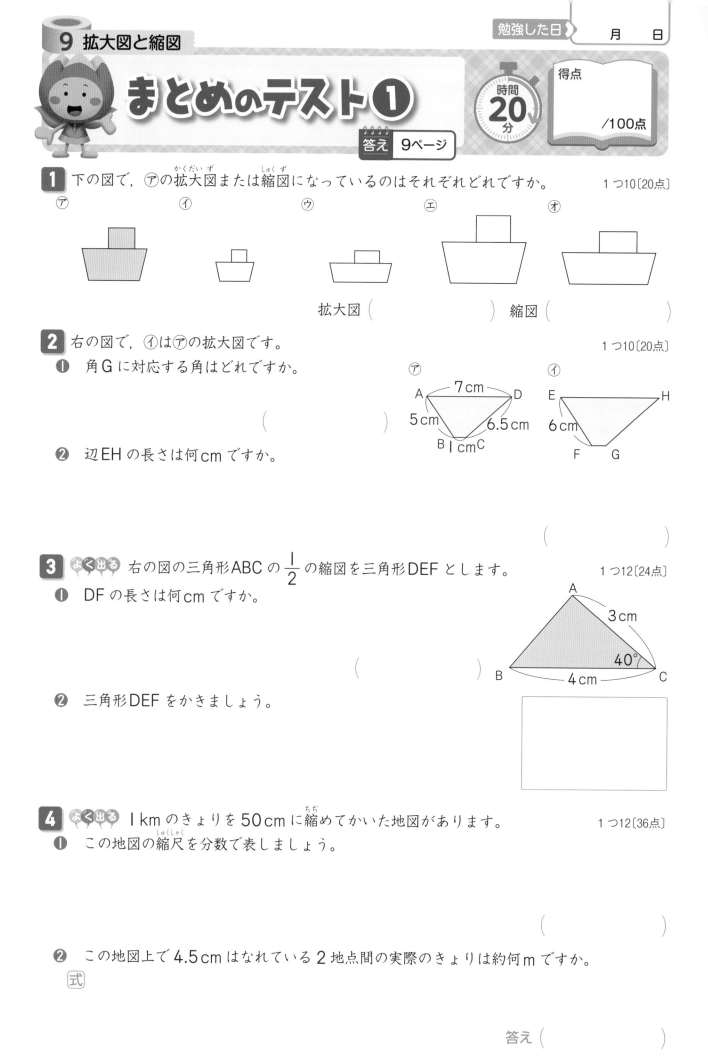

拡大図（　　　　　）　　縮図（　　　　　）

2 右の図で，㋑は㋐の拡大図です。 1つ10〔20点〕

❶ 角G に対応する角はどれですか。

（　　　　　）

❷ 辺EH の長さは何cm ですか。

（　　　　　）

3 よく出る 右の図の三角形ABC の $\frac{1}{2}$ の縮図を三角形DEF とします。 1つ12〔24点〕

❶ DF の長さは何cm ですか。

（　　　　　）

❷ 三角形DEF をかきましょう。

4 よく出る 1km のきょりを 50cm に縮めてかいた地図があります。 1つ12〔36点〕

❶ この地図の縮尺を分数で表しましょう。

（　　　　　）

❷ この地図上で 4.5cm はなれている 2 地点間の実際のきょりは約何m ですか。

式

答え（　　　　　）

チェック

□ 拡大図，縮図の性質が理解できたかな？
□ 拡大図，縮図の対応する辺や角がわかったかな？

まとめのテスト❷

時間 **20**分

答え **9ページ**

得点

/100点

1 右の図で，四角形ABCD は四角形EFGH の縮図です。　　　1つ10〔20点〕

❶　角E に対応する角はどれですか。

（　　　　　　）

❷　辺EF の長さは何cm ですか。

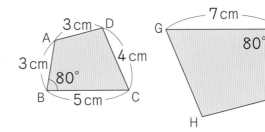

（　　　　　　）

2 よく出る　右の図で，三角形DBE は，三角形ABC を点B を中心にして 2.5 倍に拡大したものです。　1つ10〔20点〕

❶　辺DE の長さは辺AC の長さの何倍ですか。

（　　　　　　）

❷　直線AD の長さは何cm ですか。

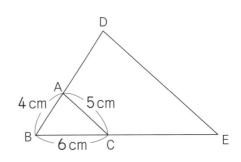

（　　　　　　）

3 図1のように，高さが30m のところから，川の向こう側のA 地点を見下ろす角度をはかると50° でした。また，図2のような 三角形ABC の縮図，三角形PQR をかいて辺PQ の長さをはかっ たところ，約8.4cm でした。AB 間の実際のきょりはおよそ何m ですか。四捨五入して整数で求めましょう。　1つ15〔30点〕

式

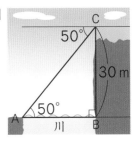

図1

図2

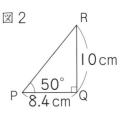

答え（　　　　　　）

4 2km のきょりを 10cm に縮めてかいた地図があります。　1つ10〔30点〕

❶　この地図の縮尺を比で表しましょう。

（　　　　　　）

❷　実際のきょりが300m である 2 地点間の長さは，地図上では何cm ですか。

式

答え（　　　　　　）

□ 1つの点を中心として，拡大図や縮図をかく方法がわかったかな？
□ 縮図を利用して，実際の長さを求めることができたかな？

57

① 角柱の体積
基本のワーク

答え 10ページ

☆ 右の図のような三角柱の体積を求めましょう。

とき方 角柱の体積は，底面積×高さ で求めます。

この立体は三角柱だから，底面は三角形です。

$$(8 \times \boxed{} \div 2) \times \boxed{}$$
$$= \boxed{}$$

答え $\boxed{}$ cm³

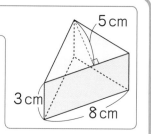

たいせつ
角柱の体積＝底面積×高さ

1 次の図の三角柱や四角柱の体積を求めましょう。

❶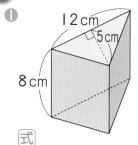

式

❷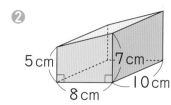

式

答え (   )　　　　答え (   )

2 右の図はある三角柱の展開図です。この三角柱の体積を
求めましょう。

式

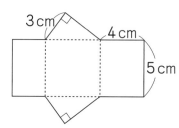

答え (   )

3 ある五角柱があり，底面積は 12cm² で，体積は 60cm³ です。この五角柱の高さを求めましょう。

式

体積＝底面積×高さ
で，体積と底面積が
わかっているよ。

答え (   )

ポイント 角柱では，底面の面積と高さがわかると体積が計算できます。
角柱の展開図は，底面が2つと側面でできています。側面は長方形です。

② 円柱の体積
基本のワーク

答え 10ページ

☆ 右の図のような円柱の体積を求めましょう。

とき方 円柱の体積も，角柱と同じような公式を使って計算することができます。
まず，底面の円の半径を求めましょう。

底面の円の半径は □ cm

体積は，□×□×3.14×□＝□

答え □ cm³

たいせつ
円柱の体積＝底面積×高さ

① 下の図のような円柱の体積を求めましょう。

① 4cm 8cm

式

答え（　　　）

② 10cm 12cm

式

答え（　　　）

② 右の図は，ある円柱の展開図です。この円柱の体積を求めましょう。
式

3cm 4cm

答え（　　　）

③ 右の図は，ある円柱の展開図です。
① この円柱の底面の円の半径を求めましょう。
式

18.84cm 4cm

答え（　　　）

② この円柱の体積を求めましょう。
式

展開図から，底面の円の円周がわかるね。

答え（　　　）

ポイント 円柱も角柱と同じように，体積の公式は　底面積×高さ　です。
円柱の展開図では，（側面を表す長方形の横の長さ）＝（底面の円周）です。

③ いろいろな角柱や円柱の体積 (1)
応用のワーク

答え 10ページ

☆ 右の図に示した，家のような形の立体があります。
　この立体の体積を求めましょう。

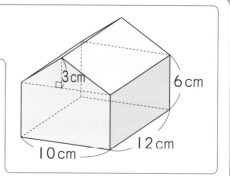

とき方　角柱を組み合わせてできている立体の体積について調べます。

《1》 角柱に分けて体積を求めます。

　三角柱と四角柱に分けると，体積は，

$$10 \times \boxed{} \div 2 \times \boxed{} + 6 \times \boxed{} \times 12$$

$$= \boxed{}$$

《2》 五角柱と考えて体積を求めます。

$$(6 \times 10 + \boxed{} \times 3 \div 2) \times \boxed{}$$

$$= \boxed{}$$ 　　答え $\boxed{}$ cm³

ヒント

角柱の性質をもとにして，直接わかっていない部分の長さを求めます。
たとえば，上の立体では，三角柱の底面の三角形は，底辺が 10cm です。

❶ 右の図は，直方体から三角柱を取り除いた図形です。この立体の体積を求めましょう。

式

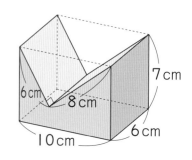

答え（　　　　　　　）

❷ 右の図は，立方体から三角柱を取り除いた図形です。この立体の体積を求めましょう。

式

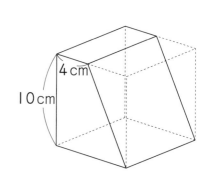

答え（　　　　　　　）

❸ 右の図は，底面の半径が 6cm で高さが 8cm の円柱を半分にした図形です。この図形の体積を求めましょう。

式

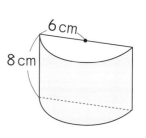

答え（　　　　　　　）

もとの円柱の体積の半分を求めればいいね。

60　ポイント　角柱を組み合わせたいろいろな立体の体積を求められるように練習しましょう。

④ いろいろな角柱や円柱の体積 (2)
応用のワーク

答え 10ページ

☆ 右の図のように，1辺が 10cm の立方体の中に円柱がぴったり入っています。すきまの部分の体積を求めましょう。

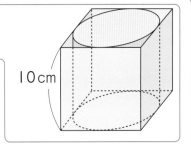

10cm

とき方 角柱と円柱を組み合わせてできている立体の体積，とくに，角柱の中に円柱がぴったり入っているような場合について調べます。

円柱の高さと円の直径はともに □ cm
よって，すきまの体積は，

$10 \times 10 \times 10 -$ □
= □　　　答え □ cm³

たいせつ

正四角柱に円柱がぴったり入っているとき，
高さ ➡ 角柱と円柱の高さは同じ
底面 ➡ （正方形の1辺）＝（円の直径）

❶ 右の図のように，1辺が 6cm の立方体の上に円柱がのっているような立体があります。円柱の底面の直径は立方体の1辺の長さと同じで，全体の高さは 10cm です。この立体の体積を求めましょう。

式

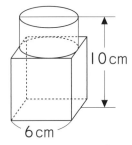

10cm

6cm

円柱の高さの求め方がポイントだね。

答え（　　　　　　　　）

❷ 縦 8cm，高さ 10cm の直方体の箱に，同じ形の円柱2つがぴったり入っています。すきまの部分の体積を求めましょう。

式

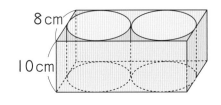

8cm

10cm

答え（　　　　　　　　）

❸ 底面の円の直径が 12cm で高さが 10cm の円柱の中に，底面が正方形の形をした四角柱がぴったり入っています。すきまの部分の体積を求めましょう。

式

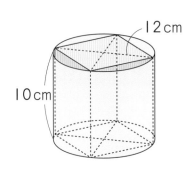

12cm

10cm

答え（　　　　　　　　）

ポイント 四角柱に円柱がぴったり入っているとき，四角柱の底面は正方形で，正方形の1辺と円柱の底面の円の直径は同じ長さです。

61

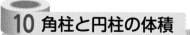

まとめのテスト❶

時間 **20**分

得点 ／100点

答え **10ページ**

1 よく出る 次の図の三角柱や四角柱の体積を求めましょう。

1つ10〔40点〕

❶

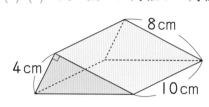

8cm
4cm
10cm

式

❷

6cm
8cm
12cm

（底面は平行四辺形）

式

答え（　　　　　　　）

答え（　　　　　　　）

2 よく出る 右の図の円柱の体積を求めましょう。 1つ10〔20点〕

式

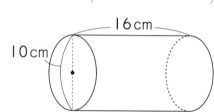

16cm
10cm

答え（　　　　　　　）

3 右の図は，ある四角柱の展開図です。この四角柱の体積を求めましょう。 1つ10〔20点〕

式

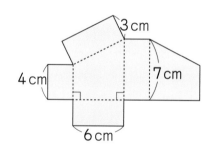

3cm
4cm
7cm
6cm

答え（　　　　　　　）

4 水がいっぱい入った直方体の水そうを，右の図のようにかたむけたところ，水がいくらかこぼれました。残っている水の体積を求めましょう。 1つ10〔20点〕

式

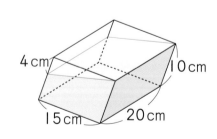

4cm
10cm
15cm
20cm

答え（　　　　　　　）

□ 角柱の体積の求め方が理解できたかな？
□ 円柱の体積の求め方が理解できたかな？

勉強した日　月　日

得点　/100点

時間20分

答え 10ページ

1 次の図はある立体の展開図です。それぞれの立体の体積を求めましょう。　1つ10〔40点〕

①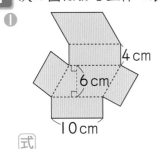
4 cm　6 cm　10 cm

式

答え（　　　）

②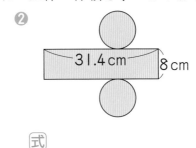
31.4 cm　8 cm

式

答え（　　　）

2 よく出る　次の問題に答えましょう。　1つ5〔20点〕

① 体積が 42 cm³ で，高さが 12 cm の三角柱の底面積を求めましょう。

式

答え（　　　）

② 底面積が 78.5 cm² で，体積が 628 cm³ の円柱の高さを求めましょう。

式

答え（　　　）

3 右の図は，同じ形の屋根が 2 つある家のような形をした立体です。この立体の体積を求めましょう。　1つ10〔20点〕

式

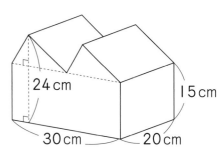
24 cm　15 cm　30 cm　20 cm

答え（　　　）

4 右の図は，底面の円の半径が 3 cm で高さが 10 cm の円柱 4 つをくっつけて，中のすきまをうめて作った立体で，4 つの円柱の底面の円の中心を結ぶと正方形になります。この立体の体積を求めましょう。　1つ10〔20点〕

式

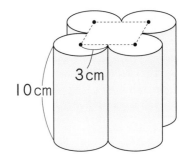
3 cm　10 cm

答え（　　　）

□角柱を組み合わせてできた立体の体積を求めることができたかな？
□角柱と円柱を組み合わせた立体の体積を求めることができたかな？

63

① およその面積と体積
基本のワーク

答え 11ページ

☆ 右のような土地のおよその面積を求めましょう。

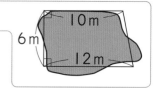

とき方 曲がった線で囲まれている図形のおよその面積を求めます。この図形と形がだいたい同じ三角形や四角形などを見つけ，長さをはかって面積を計算します。面積の公式を使う図形と実際の図形の面積があまりちがわないように気をつけます。

図の土地の面積は，台形の面積とだいたい同じだから，およその面積は，

(10+ □)× □ ÷2= □ (m²)

答え 約 □ m²

およその面積の求め方

次の2通りの方法があります。
《1》公式が使える図形を利用して，およその面積を計算する。
《2》方眼をかいてその個数を数える。

❶ 方眼を利用して，右の図形のおよその面積を求めましょう。
式

答え（　　　　　）

一部が重なっている方眼 ◪ は0.5cm²，全部重なっている方眼 □ は1cm²と考えよう。

❷ 右の図形のおよその面積を求めましょう。
式

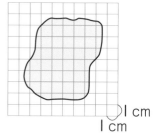

答え（　　　　　）

❸ 右の図のような岩があります。この岩を直方体とみて，およその体積を求めましょう。
式

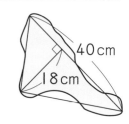
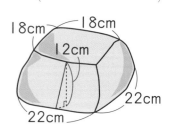

答え（　　　　　）

 実際におよその面積や体積を求めるときは，図形の中に三角形などの図がかかれているわけではありません。できるだけ面積や体積が近くなるような図をかくことがたいせつです。

まとめのテスト

答え 11ページ

得点 /100点

1 よく出る 方眼を利用して，右の図形のおよその面積を
求めましょう。　　　　　　　　　　　1つ10〔20点〕

式

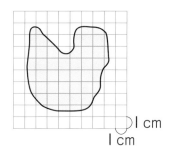

1 cm
1 cm

答え（　　　　　　　）

2 よく出る 右の図形のおよその面積を求めましょう。
　　　　　　　　　　　　　　　　　1つ10〔20点〕

式

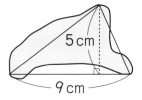

5 cm
9 cm

答え（　　　　　　　）

3 右の図形のおよその面積を求めましょう。　1つ15〔30点〕

式

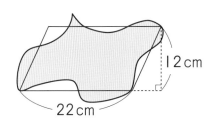

12 cm
22 cm

答え（　　　　　　　）

4 右の図のようなプールがあります。このプールを直方
体とみて，およその容積を求めましょう。　1つ15〔30点〕

式

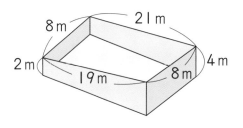

21 m
8 m
4 m
2 m
19 m
8 m

答え（　　　　　　　）

□ およその面積を求めることができたかな？
□ およその体積を求めることができたかな？

65

① 比例
基本のワーク

答え 11ページ

やってみよう

☆ 右の表は，１Ｌの値段が110円の灯油の量 x Ｌと代金 y 円との関係を表したものです。

灯油の量 x(L)	1	2	3	4	5
代金 y(円)	110	220			

❶ 表の空らんをうめましょう。

❷ y は x に比例するといえますか。

とき方 ❶ 代金と量の関係をことばの式で表すと，　代金 ＝ １Ｌの値段 × 量(L) だから，

110×3＝ □ ， 110×4＝ □ ， 110×5＝ □ 　　**答え** 上の表に記入

❷ 灯油の量が１Ｌ，２Ｌ，３Ｌ，…のときに代金が何倍になるかを求め，代金が灯油の量に比例するかどうかを調べます。

x が２倍，３倍，…になると，y も □ 倍，□ 倍，…になっています。

答え _____

y が x に比例
x が２倍，３倍，４倍，…になると，y も２倍，３倍，４倍，…になります。

❶ 右の表は，決まった厚さの鉄板の面積 x m² と重さ y kg の関係を表したものです。
表の空らんをうめましょう。

面積 x(m²)	1	2	3	4	5
重さ y(kg)	5	10			

❷ 右の表は，水そうに１分間に４Ｌの割合で水を入れたとき，水を入れる時間 x 分と入った水の量 y Ｌとの関係を表したものです。

時間 x(分)	1	2	3	4	5
水の量 y(L)	4				

❶ 表の空らんをうめましょう。

❷ y は x に比例するといえますか。

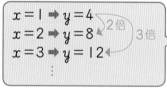

$x=1 \Rightarrow y=4$
$x=2 \Rightarrow y=8$ （2倍）
$x=3 \Rightarrow y=12$ （3倍）

(　　　　　　　)

❸ 次の２つの量で，y が x に比例しているものを㋐～㋓の中からすべて選びましょう。

㋐ １本80円のえんぴつを x 本買ったときの代金 y 円

㋑ 正方形の１辺の長さが x cm のときの面積 y cm²

㋒ 分速50ｍで歩くとき，歩いた時間 x 分と進んだ道のり y ｍ

㋓ １日で，起きている時間 x 時間と寝ている時間 y 時間

(　　　　　　　)

ポイント y が x に比例するとき，x が□倍になると，y も□倍になります。
x が２倍，３倍，…のとき，対応する y が何倍になっているかを確かめましょう。

② 比例の式と数量の値
基本のワーク

答え 11ページ

☆ 右の表は，カップで油の量をはかるとき，カップ x はいと油の量 y dL の関係を表したものです。
　❶ 表の空らんをうめましょう。
　❷ x と y の関係を式に表しましょう。

カップ x(はい)	1	2	3	4	5
油の量 y(dL)	2	4	6	8	10
$y \div x$ の値	2				

とき方 それぞれの x，y の値に対して，$y \div x$ の値がどうなるかを調べます。y が x に比例するとき，$y \div x =$（決まった数）となり，$y =$（決まった数）$\times x$ の式で表せます。

　❶ 表のそれぞれの x，y に対して，$y \div x$ の値は，
　　　$2 \div 1 = 2$，$4 \div 2 = \boxed{}$，
　　　$6 \div 3 = \boxed{}$，…　　答え 上の表に記入

　❷ $y \div x = \boxed{}$ だから，
　　　$y = \boxed{} \times x$　　答え _____

たいせつ y が x に比例するとき，$y \div x$ はいつも決まった数になります。

❶ 右の表は，直方体の形のふろに水を入れるとき，入れた時間 x 分と，水の深さ y cm との関係を表したものです。
　❶ 表の空らんをうめましょう。
　❷ x と y の関係を式に表しましょう。

時間　x(分)	1	2	3	4	5
水の深さ y(cm)	3	6	9	12	15
$y \div x$ の値	3				

（　　　　　　　）

$y \div x$ の値は，
$x = 1$ のとき，$3 \div 1 = 3$
$x = 2$ のとき，$6 \div 2 = 3$
$x = 3$ のとき，$9 \div 3 = 3$
　　：

❷ x と y の間に，$y = 8 \times x$ の関係があります。
　❶ x の値が 1，3，9 のときの y の値をそれぞれ求めましょう。
　式
　　　　　　　　　　　　　　　答え（　　　　　　　）
　❷ y の値が 16，36 のときの x の値をそれぞれ求めましょう。
　式
　　　　　　　　　　　　　　　答え（　　　　　　　）

❸ 右の表は，画用紙の枚数 x 枚と代金 y 円の関係を表したものです。
　❶ x と y の関係を式に表しましょう。

枚数 x(枚)	1	2	3	4	5
代金 y(円)	40	80	120	160	200

（　　　　　　　）

　❷ 画用紙が 15 枚のときの代金はいくらですか。
　式
　　　　　　　　　　　　　　　答え（　　　　　　　）

 ポイント y が x に比例するとき，x が□倍になると y も□倍になるので，$y \div x$ は決まった数です。$y \div x =$（決まった数）より，$y =$（決まった数）$\times x$ これが比例を表す式です。

67

12 比例

③ 比例の式とグラフ
基本のワーク

答え 11ページ

☆ 右の表は，ばねばかりにおもりをつるしたときの，おもりの重さ xg とばねののび $y$cm との関係を表したものです。

おもりの重さ x(g)	1	2	3	4	5
ばねののび　y(cm)	2	4	6	8	10

❶ x と y の関係をグラフに表しましょう。

❷ x の値が 3.5 のときの y の値を求めましょう。

とき方 ❶ x の値が 1 と y の値が 2 の点，x の値が 2 と y の値が 4 の点，…のように，対応する x と y の値の組を表す点をとり，直線で結んでグラフをかきます。

❷ y は x に比例するので x と y の関係の式は，

$y = \boxed{} \times x$

この式で x の値が 3.5 のとき，

$y = \boxed{} \times 3.5 = \boxed{}$　　答え $\boxed{}$

答え
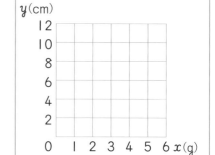

🐕 **たいせつ**

比例の関係を表すグラフは，**直線**になり，**0 の点**を通ります。

---

❶ 右の表は，ろうそくを燃やしたとき，燃やした時間 x 時間と燃えた長さ $y$mm の関係を表したものです。

燃やした時間 x(時間)	1	2	3	4	5
燃えた長さ　y(mm)	4	8	12	16	20

❶ x と y の関係をグラフに表しましょう。

❷ 燃やした時間が 7 時間のとき，燃えた長さは何 mm ですか。

式

y は x に比例するので，グラフは 0 の点を通る直線だね。$x = 5$ と $y = 20$ の点と 0 の点を結ぶとかけるよ。

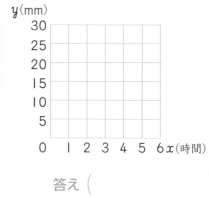

答え（　　　　　　　　）

---

❷ 右のグラフは，ある針金の長さ xm と重さ yg の関係を表したものです。

❶ x と y の関係を式に表しましょう。

（　　　　　　　　）

❷ y の値が 32 のときの x の値を求めましょう。

式

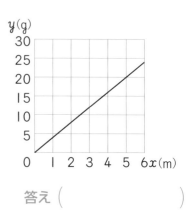

答え（　　　　　　　　）

ポイント 比例のグラフは，グラフが通る点が 1 つわかれば，その点と 0 の点を結んでかけます。x や y の値は，式から求める方法の他に，グラフを利用して求める方法もあります。

④ 比例の問題
基本のワーク

答え 11ページ

☆ お茶を 200g 買うと代金は 600 円でした。このお茶 500g の代金はいくらですか。

とき方 お茶の代金は重さに比例します。

比例する 2 つの量の関係

x が □倍 ➡ y も □倍

を利用して，代金を求めます。

重さ 200g と 500g について，

500÷200＝ □ （倍）

よって，500g の代金は，

600× □ ＝ □

答え □ 円

	□倍 →	
重さ x(g)	200	500
代金 y(円)	600	?
	□倍 →	

たいせつ

y が x に比例するとき，x や y の値は，次のどちらかの関係を利用して計算できます。
《1》x が □倍 ➡ y も □倍
《2》y÷x＝（決まった数）

❶ えんぴつ 2 本の代金が 160 円のとき，このえんぴつ 7 本の代金はいくらですか。

式

答え（　　　　　　　　）

❷ 灯油 18L の代金は 1800 円です。この灯油 5L の代金はいくらですか。

式

次の 2 つの解き方があるよ。
《1》まず 5÷18 を計算
　　（分数になるよ）
《2》まず 1800÷18 を計算

答え（　　　　　　　　）

❸ ある畑を 10m² 耕すのに 20 分かかりました。

❶ この畑を 35m² 耕すのに何分かかりますか。

式

答え（　　　　　　　　）

❷ 45 分間では，この畑を何m² 耕すことができますか。

式

答え（　　　　　　　　）

ポイント 比例の関係を利用すると，量を計算で求められる場合があります。
上の《1》，《2》の 2 つの方法のうち，計算しやすい方を使いましょう。

まとめのテスト①

時間 20分

答え 12ページ

得点 /100点

1 右の表は，1本90円の牛乳を買うとき，買った本数 x 本と代金 y 円の関係を表したものです。

1つ10〔20点〕

本数　x(本)	1	2	3	4	5
代金　y(円)	90	180			

① 表の空らんをうめましょう。

② y は x に比例するといえますか。

(　　　　　　　　)

2 よく出る 右の表は，水そうに水を入れるとき，入れた時間 x 分と入った水の量 y cm³ の関係を表したものです。

1つ15〔30点〕

時間　x(分)	1	2	3	4	5
水の量 y(cm³)	20				

① 表の空らんをうめましょう。

② x と y の関係を式に表しましょう。

(　　　　　　　　)

3 よく出る 1枚の重さが8gの画用紙があります。この画用紙 x 枚の重さを y g とします。

1つ10〔30点〕

① x と y の関係をグラフに表しましょう。

② 枚数が4枚のときの重さは何gですか。

式

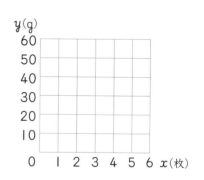

答え (　　　　　　　　)

4 5Lの重さが10kgの砂があります。この砂12Lの重さは何kgですか。

1つ10〔20点〕

式

答え (　　　　　　　　)

□ y が x に比例するかどうか調べることができたかな？
□ y が x に比例するとき，x と y の関係を式に表すことができたかな？

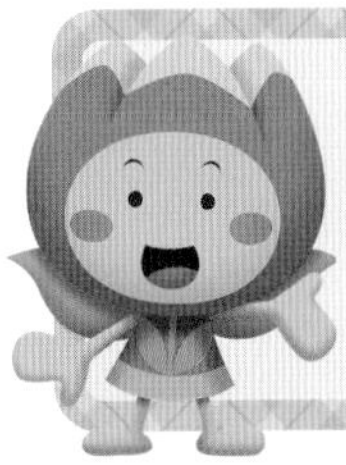

まとめのテスト②

時間20分

得点　/100点

答え 12ページ

1 よく出る 次の2つの量で，y が x に比例しているものをすべて選びましょう。〔20点〕

㋐ 自動車が時速50kmで走るとき，走った時間 x 時間と走ったきょり y km

㋑ 1日の昼の長さ x 時間と夜の長さ y 時間

㋒ 底辺の長さが10cmの三角形の高さ x cmと面積 y cm^2

㋓ 円の半径 x cmと円周の長さ y cm

（　　　　　）

2 右の表は，あるリボンの長さ x mと代金 y 円との関係を表したものです。1つ10〔30点〕

長さ x(m)	1	2	3	4	5
代金 y(円)	300	600	900	1200	1500

❶ x と y の関係を式に表しましょう。

（　　　　　）

❷ リボンが5.5mのときの代金はいくらですか。

[式]

答え（　　　　　）

チャレンジ！ **3** 体積が100cm^{3}のときの重さが80gの粉があります。この粉 x cm^3 の重さを y gとします。1つ10〔30点〕

❶ x と y の関係をグラフに表しましょう。

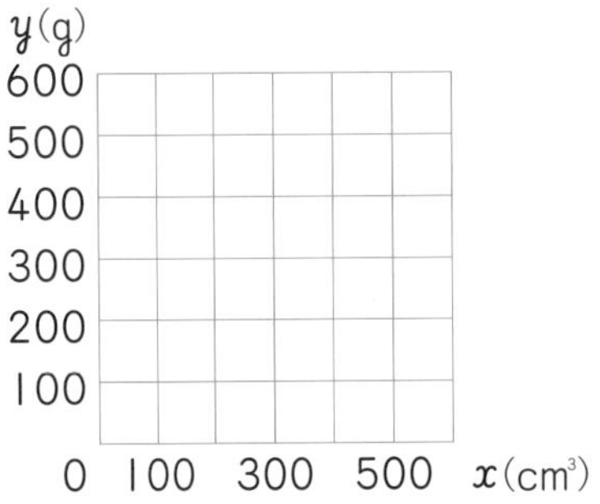

❷ 重さが480gのときの体積は何cm^{3}ですか。

[式]

答え（　　　　　）

4 ある製品を120個作るのに5時間かかります。7時間では何個作ることができますか。1つ10〔20点〕

[式]

答え（　　　　　）

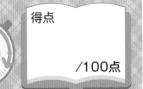

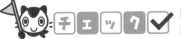

チェック✓
□比例のグラフをかくことができたかな？
□比例の性質を使って数量を求めることができたかな？

勉強した日　月　日

① 反比例
基本のワーク

答え 12ページ

やってみよう

☆ 右の表は，面積が 24 cm^2 の長方形の縦(たて)の長さ $x$cm と横の長さ $y$cm との関係を表したものです。

縦の長さ x(cm)	1	2	3	4	6
横の長さ y(cm)	24	12			

❶ 表の空らんをうめましょう。

❷ y は x に反比例するといえますか。

とき方 ❶ 縦と横の関係をことばの式で表すと[横]＝[面積]÷[縦]だから，

24÷3＝□，24÷4＝□，24÷6＝□　答え 上の表に記入

❷ 縦の長さが 1cm，2cm，…のときに横の長さが何倍になるかを求め，横の長さが縦の長さに反比例するかどうかを調べます。

x が 2 倍，3 倍…になると，

y は □ 倍，□ 倍…になっています。

答え （　　　）

y が x に反比例

x が 2 倍，3 倍，4 倍，…になると，

y が $\frac{1}{2}$ 倍，$\frac{1}{3}$ 倍，$\frac{1}{4}$ 倍，…になります。

1 右の表は，800 円で同じ種類の用紙を買うとき，1 枚(まい)の値段(ねだん) x 円と買うことのできる枚数 y 枚との関係を表したものです。表の空らんをうめましょう。

値段 x(円)	10	20	40	50	80
枚数 y(枚)	80				

2 右の表は，容積が 600 cm^3 の水そうに水を入れるのに，1 分間に入る水の量 x cm^3 とかかる時間 y 分との関係を表したものです。

1 分間の水の量 x(cm^3)	10	20	30	40	50
かかる時間 y(分)	60	30			

❶ 表の空らんをうめましょう。

❷ y は x に反比例するといえますか。

x＝10 ➡ y＝60
x＝20 ➡ y＝30　$\frac{1}{2}$
x＝30 ➡ y＝20　$\frac{1}{3}$
⋮

（　　　）

3 次の 2 つの量で，y が x に反比例しているものをすべて選びましょう。

㋐ 1 個 400 円のケーキを x 個買ったときの代金 y 円

㋑ 400m の道のりを分速 xm で進むときにかかる時間 y 分

㋒ 正方形の 1 辺の長さ $x$cm と面積 y cm^2

㋓ 面積が 40 cm^2 の平行四辺形の底辺の長さ $x$cm と高さ $y$cm

（　　　）

ポイント 反比例かどうかを調べるには，x が□倍になったとき y が $\frac{1}{□}$ 倍になっているかをみます。

② 反比例の式と数量の値
基本のワーク

答え 12ページ

やってみよう

☆ 右の表は，100 km の道のりを行くのに，時速 x km で進むと y 時間かかるとして，x と y の関係を表したものです。

時速 x(km)	10	20	40	50	80
時間 y(時間)	10	5	2.5	2	1.25
$x×y$ の値	100				

❶ 表の空らんをうめましょう。

❷ x と y の関係を式に表しましょう。

とき方 それぞれの x，y の値に対して，$x×y$ の値がどうなるかを調べます。y が x に反比例するとき，$x×y=$（決まった数）となり，$y=$（決まった数）$÷x$ の式で表せます。

❶ それぞれの x，y に対して，$x×y$ の値は，
$10×10=100$，$20×5=\boxed{}$，$40×2.5=\boxed{}$，…

答え 上の表に記入

たいせつ y が x に反比例するとき，$x×y$ はいつも決まった数になります。

❷ $x×y=\boxed{}$ から，$y=\boxed{}÷x$

答え $\boxed{}$

1 右の表は，面積が 20 cm² の平行四辺形の底辺の長さを x cm，高さを y cm として，x と y の関係を表したものです。

底辺 x(cm)	1	2	4	5	10
高さ y(cm)	20	10	5	4	2
$x×y$ の値	20				

❶ 表の空らんをうめましょう。

❷ x と y の関係を式に表しましょう。

（　　　　　　　　　　　）

2 x と y の間に，$x×y=16$ の関係があります。

❶ x の値が 1，4，8 のときの y の値をそれぞれ求めましょう。

式

答え（　　　　　　　　　）

❷ y の値が 2，10 のときの x の値をそれぞれ求めましょう。

式

答え（　　　　　）

y の値が 2 のとき，$x=16÷2$

3 右の表は，60 L の水を，容器に同じ量ずつ分けて入れるとき，1 個あたりの水の量 x L と容器の個数 y 個の関係を表したものです。

1 個の水の量 x(L)	2	5	10	20	30
個数　　　　y(個)	30	12	6	3	2

❶ x と y の関係を式に表しましょう。

（　　　　　　　　　　　）

❷ x の値が 4 のとき，y の値を求めましょう。

式

答え（　　　　　　　　　）

ポイント y が x に反比例するとき，x が□倍になると y は $\frac{1}{□}$ 倍になるので，$x×y$ は決まった数です。
$x×y=$（決まった数）より，$y=$（決まった数）$÷x$ これが反比例を表す式です。

③ 反比例の式とグラフ
基本のワーク

答え 13ページ

やってみよう

☆ 右の表は，面積が 10 cm² の長方形の縦の長さ を x cm，横の長さを y cm として，x と y の関係を表したものです。

縦の長さ x(cm)	1	2	5	10
横の長さ y(cm)	10	5	2	1

❶ x と y の関係をグラフに表しましょう。

❷ x の値が 8 のときの y の値を求めましょう。

とき方 ❶ x の値が 1 と y の値が 10 の点，x の値が 2 と y の値が 5 の点，…のように，対応する x と y の値の組を表す点をとり，順に結んでグラフをかきます。グラフは縦軸や横軸と交わらない曲がった線になります。

❷ y は x に反比例するので，$y = \boxed{} \div x$

この式で x の値が 8 のとき，

$y = \boxed{} \div 8 = \boxed{}$

答え 　　　　

答え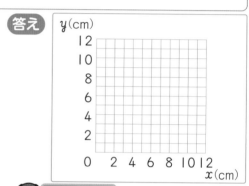

たいせつ

反比例の関係を表すグラフは，縦軸や横軸とは交わらない曲がった線になります。

❶ ふろに 400 L の水を入れます。右の表は，1 分間に x L の割合で入れたときにかかる時間を y 分として，x と y の関係を表したものです。

1 分間の水の量 x(L)	8	10	20	40
かかる時間　y(分)	50	40	20	10

❶ x と y の関係をグラフに表しましょう。

❷ x の値が 4 のときの y の値を求めましょう。

式

グラフは，縦軸や横軸と交わらない曲がった線だよ。

答え（　　　　　）

❷ 右のグラフは，反比例の関係を表しています。x と y の関係を式に表しましょう。

（　　　　　　）

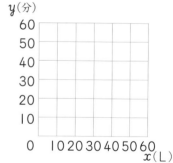

❸ リボンを 5 人で同じ長さずつ分けると，1 人あたり 120 cm になります。このリボンを 8 人で同じ長さずつ分けると，1 人あたり何 cm になりますか。

式

答え（　　　　　）

ポイント　反比例を表すグラフの形や性質をしっかりと理解しておきましょう。
グラフ上の点で，x の値と y の値がどちらも整数である点に注目しましょう。

まとめのテスト

時間 **20**分

得点 /100点

1 右の表は，50個のあめを同じ個数ずつ分けるとき，分ける人数 x 人と1人あたりの個数 y 個との関係を表したものです。　1つ10〔20点〕

人数　　　x（人）	2	5	10	25
1人の個数 y（個）	25			

❶ 表の空らんをうめましょう。

❷ y は x に反比例するといえますか。

(　　　　　　　　　　)

2 よく出る 右の表は，家から駅までの 2400m を，分速 x m で歩いたときに y 分かかるとして，x と y の関係を表したものです。　1つ10〔30点〕

分速　　　x（m）	30	40	60	80
かかる時間 y（分）	80	60	40	30

❶ x と y の関係を式に表しましょう。

(　　　　　　　　　　)

❷ x の値が 50 のとき，y の値を求めましょう。

式

答え (　　　　　　　　)

3 よく出る 右の表は，面積が 48cm² の三角形の底辺を x cm，高さを y cm として，x と y の関係を表したものです。　1つ10〔30点〕

底辺 x（cm）	4	8	12	24
高さ y（cm）	24	12	8	4

❶ x と y の関係をグラフに表しましょう。

❷ x の値が 10 のときの y の値を求めましょう。

式

答え (　　　　　　　　)

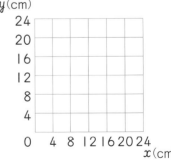

4 ある大型ストーブを燃やすのに，灯油を1時間に 0.5L ずつ燃やすと 18 時間燃やすことができます。このストーブを 20 時間燃やすためには，灯油を1時間に何 L ずつ燃やせばよいですか。　1つ10〔20点〕

式

答え (　　　　　　　　)

 □ y が x に反比例するかどうか調べることができたかな？
□ y が x に反比例するとき，x と y の関係を式に表すことができたかな？

勉強した日 月 日

① ちらばりを表す表と代表値
基本のワーク

答え 13ページ

やってみよう

☆ 右の表は，あるクラスの４月の体重測定の結果をまとめたものです。

❶ 40 kg 未満の人数は何人ですか。

❷ 42 kg の人は，重いほうから数えて，何人目から何人目のはんいにいますか。

〔４月の体重〕

体重(kg)	人数(人)
以上　未満	
20～25	1
25～30	2
30～35	4
35～40	6
40～45	5
45～50	3
50～55	1

とき方 表は，体重をいくつかの区切りごとにまとめたもので，体重のちらばりのようすが見やすくなっています。

❶ 40kg 未満にあてはまるのは，20kg 以上～40kg 未満で，その人数は，1＋2＋□＋□＝□（人）

❷ 42kg の人が入る階級は，

□kg 以上 □kg 未満のところで，

1＋3＋1＝5，1＋3＋□＝□ より，

重いほうから数えて，□ 人目から □ 人目

たいせつ

「以上」「未満」のことばの意味を正確に理解しておきましょう。

○**以上**，○**以下** ➡ ○をふくみます。

○**未満** ➡ ○をふくみません。

答え ❶ □人 ❷ 人目から 人目

1 右の表は，ある班の９人のけんすいの回数の記録です。

❶ けんすいの回数の平均値は何回ですか。

[式]

答え（　　　）

❷ けんすいの回数の中央値は何回ですか。

（　　　）

❸ けんすいの回数の最頻値は何回ですか。

（　　　）

〔けんすいの回数〕

番号	回数(回)	番号	回数(回)
①	4	⑥	1
②	3	⑦	8
③	5	⑧	3
④	5	⑨	4
⑤	3		

大きさの順に並べたときの中央の値を中央値，もっとも多く出てくる値を最頻値というよ！

2 右の表は，あるクラスの家庭学習の時間を調べたものです。

❶ 学習時間が 30 分以上の人は，全部で何人いますか。

（　　　）

❷ 学習時間が 20 分の人は，学習時間が少ないほうから数えて何番目だと考えられますか。

（　　　）

〔家庭学習の時間〕

学習時間(分)	人数(人)
以上　未満	
0～10	2
10～20	5
20～30	8
30～40	7
40～50	3

ポイント 資料の整理のしかたや，表のまとめ方をよく理解しましょう。
平均値，中央値，最頻値は，資料の特ちょうを表す数値で，代表値といいます。

② ちらばりを表すグラフ
基本のワーク

答え 13ページ

☆ 右のグラフは，6年生の身長のようすを表したものです。

● 人数がいちばん多いのは，何cm以上何cm未満の階級ですか。

② 130cm以上145cm未満の人は，全体の何%ですか。

〔6年生の身長〕

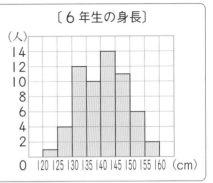

とき方 資料（身長）を区切りごとにまとめたものを，グラフに表す方法について調べます。右上のようなグラフを柱状グラフ（ヒストグラム）といいます。柱状グラフにすると，身長のちらばりのようすがさらに見やすくなります。

● 縦がいちばん長い長方形がどこか調べます。

　　　☐ cm以上 ☐ cm未満の階級。

② 130cm以上145cm未満の人数は，

　　12＋10＋☐＝☐（人）

　全体の人数は，

　　1＋4＋12＋10＋☐＋☐＋6＋2＝☐（人）

　求める割合は，

　　☐÷☐×100＝☐（%）

たいせつ

柱状グラフでは，
横の幅 ➡ 階級を表す。
縦の長さ ➡ 人数や個数を表す。
人数がいちばん多いところ
　➡ グラフのいちばん高いところ

答え ● ☐ cm以上 ☐ cm未満　② ☐ %

❶ あるクラスで，2班に分かれてソフトボール投げをした結果，A班15人の記録の平均値は32.2mで，B班20人の記録の平均値は18.9mでした。このクラス全体の記録の平均値は何mですか。

式

答え（　　　　　　　）

A班の記録の合計，B班の記録の合計を求めると，全体の記録の合計がわかるよ。

❷ 右のグラフは，あるクラスの36人に対して行った社会のテストの結果を表したものです。

● 人数がいちばん多いのは，何点以上何点未満の階級ですか。

（　　　　　　　　　　　）

② 得点が50点以上の人は，クラス全体の何%ですか。

式

答え（　　　　　　　）

〔社会のテストの結果〕

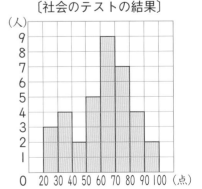

ポイント ちらばりのようすを表す，柱状グラフの見かたをよく理解しましょう。
部分の平均値から全体の平均値を求めるやり方もできるようにしておきましょう。

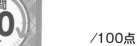

勉強した日　月　日

まとめのテスト①

時間 20分　得点　/100点

答え 13ページ

1 あるクラスで，10点満点の計算ドリルをしました。右の表は，ある2つの班の6人の得点を表したものです。　1つ8〔48点〕

〔計算ドリルの得点〕

A班		B班	
番号	得点(点)	番号	得点(点)
①	8	④	10
②	4	⑤	6
③	9	⑥	8

❶ A班3人の得点の平均値は何点ですか。

[式]

答え（　　　）

❷ B班3人の得点の平均値は何点ですか。

[式]

答え（　　　）

❸ この2つの班の6人の得点の平均値は何点ですか。

[式]

答え（　　　）

2 右の表は，ある班の15人について，9月の1ヶ月間で読んだ本の冊数について調べたものです。　1つ11〔22点〕

〔9月に読んだ本の冊数〕

番号	冊数(冊)	番号	冊数(冊)
①	3	⑨	6
②	2	⑩	6
③	5	⑪	2
④	2	⑫	10
⑤	1	⑬	2
⑥	8	⑭	4
⑦	3	⑮	8
⑧	9		

❶ 読んだ本の冊数の中央値は何冊ですか。

（　　　）

❷ 読んだ本の冊数の最頻値は何冊ですか。

（　　　）

3 よく出る 右のグラフは，あるクラスのソフトボール投げの記録をまとめたものです。　1つ10〔30点〕

〔ソフトボール投げの記録〕

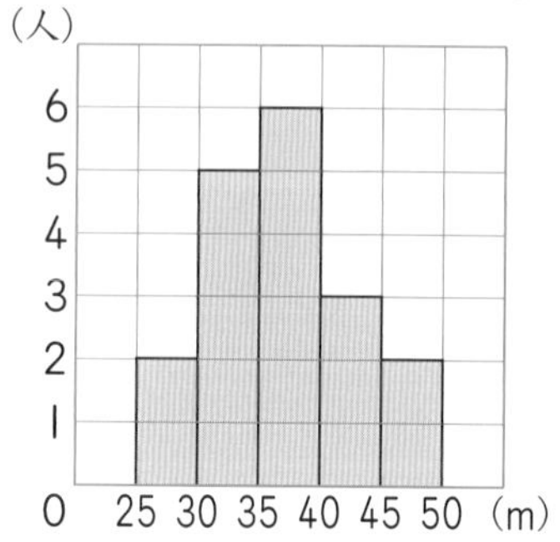

❶ 人数がいちばん多いのは，何m以上何m未満の階級ですか。

（　　　）

❷ 35m以上45m未満の人は，全体の何%ですか。

[式]

答え（　　　）

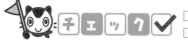

チェック✓
□記録を整理した表について理解できたかな？
□平均値，中央値，最頻値を求めることができたかな？

1 よく出る 右の表は，あるクラスの走り幅とびの記録をまとめたもので

す。　　　　　　　　　　　　　　　　　　　　　1つ7〔28点〕

〔走り幅とびの記録〕

きょり(cm)	人数(人)
以上　　未満	
220〜250	1
250〜280	3
280〜310	5
310〜340	6
340〜370	3
370〜400	2

❶　310cm以上とんだ人は，全体の何%ですか。

式

答え（　　　　　　　　）

❷　330cmとんだ人は，遠くとんだほうから数えて何人目から何人目のはんいにいますか。

式

答え（　　　　　　　　）

2 よく出る 理科のテストをしたところ，1組16人の得点の平均値は72.5点，2組20人の

得点の平均値は74.3点でした。　　　　　　　　　　　　　　　　1つ8〔32点〕

❶　1組16人の得点を合計すると何点ですか。

式

答え（　　　　　　　　）

❷　1組と2組を合わせた全員の得点の平均値は何点ですか。

式

答え（　　　　　　　　）

3 右のグラフは，あるクラス40人の通学時間のようす

を表したものです。　　　　　　　　　　　1つ8〔40点〕

❶　人数がいちばん多いのは，何分以上何分未満の階級

ですか。

（　　　　　　　　）

❷　25分未満の人は，全体の何%ですか。

式

答え（　　　　　　　　）

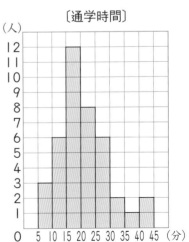

〔通学時間〕

❸　通学時間が33分の人は，通学時間が長いほうから数

えて，何人目から何人目のはんいにいますか。

式

答え（　　　　　　　　）

□ 柱状グラフから割合を求めることができたかな？
□ 柱状グラフから人数を読みとることができたかな？

79

① 量の単位のしくみ
基本のワーク

答え **14ページ**

やってみよう

☆ 次の量を表すのにどんな単位を使いますか。〔　　〕にあてはまる単位を書きましょう。

❶ 家の広さ　　　　　　　　　108〔　　〕
❷ 富士山の高さ　　　　　　　3776〔　　〕
❸ 夕食に使う肉の重さ　　　　240〔　　〕
❹ ナイル川の長さ　　　　　　6695〔　　〕
❺ パックに入った牛乳（ぎゅうにゅう）の体積　　1〔　　〕
❻ 自動車の幅（はば）　　　　　176〔　　〕

とき方 量の大きさを表すには，もとになる大きさを決めて，それがいくつ分あるかで表します。もとになる大きさのことを，単位といいます。まず，単位にはどのようなものがあり，それぞれの単位はどれくらいの大きさであるかをつかんでおきましょう。

どの種類の単位で，どの単位かを考えます。

❶ 面積の単位です。　　答え 〔　　〕
❷ 長さの単位です。　　答え 〔　　〕
❸ 重さの単位です。　　答え 〔　　〕
❹ 長さの単位です。　　答え 〔　　〕
❺ 体積の単位です。　　答え 〔　　〕
❻ 長さの単位です。　　答え 〔　　〕

たいせつ

主な単位
長さ ➡ mm, cm, m, km
面積 ➡ cm², m², a, ha, km²
体積 ➡ cm³, m³, mL, dL, L, kL
重さ ➡ mg, g, kg, t

単位の前につくことば
k ➡ 1000倍　　m ➡ $\frac{1}{1000}$倍
c ➡ $\frac{1}{100}$倍

---

❶ 下の表は，量を表す単位のしくみをまとめたものです。〔　　〕をうめましょう。

単位の前につけることば	ミリ m	センチ c	デシ d		ヘクト h	キロ k
意味	〔㋐〕倍	$\frac{1}{100}$倍	$\frac{1}{10}$倍	1	100倍	1000倍
長さの単位	mm	〔㋑〕	―	m	―	km
重さの単位	mg	―	―	g	―	〔㋒〕
面積の単位	―	―	―	a	〔㋓〕	―
体積の単位	mL	―	〔㋔〕	L	―	kL

㋐（　　　　　）　㋑（　　　　　）
㋒（　　　　　）　㋓（　　　　　）
㋔（　　　　　）

km（キロメートル）は，m（メートル）の1000倍ということなんだね。

---

❷ 次の量を表すのにどんな単位を使いますか。〔　　〕にあてはまる単位を書きましょう。

❶ ある市の面積　　　　　　　76〔　　〕
❷ ねこの体重　　　　　　　　4.2〔　　〕
❸ ペットボトルの水の量　　　2〔　　〕
❹ 牛の体重　　　　　　　　　720〔　　〕
❺ 自動車道のトンネルの長さ　863〔　　〕
❻ 算数の問題集の厚さ　　　　10〔　　〕

ポイント 長さ，面積，体積，重さの4つの種類のおもな単位について，まとめましょう。
量を表す単位は世界共通のしくみです。よく理解しましょう。

勉強した日　　月　　日

② 長さと面積，体積
基本のワーク

[答え] 14ページ

[やってみよう]

☆ 次の量を，(　)の中の単位で表しましょう。

❶ 430 mm　(m)　　❷ $8\ m^2$　(cm^2)　　❸ $280\ m^2$　(a)

❹ $4\ km^2$　(ha)　　❺ $5430\ cm^3$　(L)　　❻ $0.05\ m^3$　(cm^3)

[とき方] 面積の単位どうしの関係や，体積の単位どうしの関係について考えます。

式をつくり，答えを求めましょう。

❶ 430÷□＝□　　[答え] □ m

❷ 8×□＝□　　[答え] □ cm^2

❸ 280÷□＝□　　[答え] □ a

❹ 4×□＝□　　[答え] □ ha

❺ 5430÷□＝□　　[答え] □ L

❻ 0.05×□＝□　　[答え] □ cm^3

さんこう

正方形の面積＝1辺×1辺 だから，
正方形の1辺が10倍 ➡ 面積は100倍
立方体の体積＝1辺×1辺×1辺 より，
立方体の1辺が10倍 ➡ 体積は1000倍

たいせつ

1 cm＝10 mm，1 m＝100 cm，
1 km＝1000 m

$1\ m^2＝10000\ cm^2$，
$1\ km^2＝1000000\ m^2$

$1\ m^3＝1000000\ cm^3$
$1\ km^3＝1000000000\ m^3$

1 下の表は，長さと面積の単位の関係をまとめたものです。〔　〕をうめましょう。

1辺の長さ	1 cm	1 m	10 m	100 m	1 km
正方形の面積	$1\ cm^2$	$1\ m^2$	1〔㋐〕	1 ha	$1\ km^2$

└〔㋑〕倍┘　└100倍┘　└100倍┘　└〔㋒〕倍┘
〔㋓〕倍

㋐(　　　)　㋑(　　　)　㋒(　　　)　㋓(　　　)

2 下の表は，長さと体積の単位の関係をまとめたものです。〔　〕をうめましょう。

1辺の長さ	1 cm	－	10 cm	1 m
立方体の体積	$1\ cm^3$	$100\ cm^3$	〔㋐〕cm^3	$1\ m^3$
	1 mL	1〔㋑〕	1 L	1 kL

└100倍┘　└〔㋒〕倍┘　└〔㋔〕倍┘
〔㋓〕倍

1 aは1辺が10 mの正方形の面積，1 Lは1辺が10 cmの立方体の体積だよ。

㋐(　　　)　㋑(　　　)　㋒(　　　)　㋓(　　　)　㋔(　　　)

3 次の量を，(　)の中の単位で表しましょう。

❶ 0.4 km　(m)　(　　　)　　❷ 600 mm　(m)　(　　　)

❸ $340\ cm^2$　(m^2)　(　　　)　　❹ $2\ km^2$　(a)　(　　　)

❺ 870 mL　(cm^3)　(　　　)　　❻ 630 L　(m^3)　(　　　)

ポイント 面積には，(cm^2，m^2，km^2)と(a，ha)の2つのタイプの単位があり，$100\ m^2＝1\ a$ です。
体積には，(cm^3，m^3)と(mL，L)の2つのタイプの単位があり，$1000\ cm^3＝1\ L$ です。

③ 重さと体積
基本のワーク

答え 14ページ

☆ 水 1 L の重さは 1 kg です。次の〔　　〕をうめましょう。

❶ 水 200 mL の重さは〔　　〕kg です。

❷ 重さが 540 g の水の体積は〔　　〕L です。

❸ 水 38000 L の重さは〔　　〕t です。

とき方 水の体積と重さの関係を調べます。

　同じ体積の水でも，温度などがちがうと重さがちがってきますが，4℃のときの水 1 L の重さはだいたい 1 kg です。

　そこで，│水 1 L の重さ│ ➡ │1 kg│とします。

　この水の重さと体積の関係から式をつくり，答えを求めましょう。

水の体積と重さ

水 1 L の重さ ➡ 1 kg
〔1000倍〕　　　　　　　　〔1000倍〕
水 1 cm³ の重さ ➡ 1 g

❶　200÷□＝□　　　答え □ kg

❷　540÷□＝□　　　答え □ L

❸　38000÷□＝□　　答え □ t

たいせつ

体積の単位
1000 cm³＝1 L，
1000 L＝1 kL
重さの単位
1000 g＝1 kg，
1000 kg＝1 t

❶ 次の表は，水 1 L の重さを 1 kg として，水の体積と重さの関係をまとめたものです。〔　　〕をうめましょう。

水の体積	1 cm³	100 cm³	1000 cm³	1 m³
	1 mL	1 dL	1 L	1〔㋐〕
水の重さ	1 g	〔㋑〕g	1 kg	〔㋒〕kg
				1 t

〔㋓〕倍　　　〔㋔〕倍

㋐（　　　　　　）　㋑（　　　　　　）

㋒（　　　　　　）　㋓（　　　　　　）

㋔（　　　　　　）

1辺 1 cm の立方体の水 ➡ 1 g
1辺 10 cm の立方体（＝1 L）の水 ➡ 1 kg
1辺 1 m の立方体の水 ➡ 1 t
と覚えるといいよ。

❷ 水 1 L の重さは 1 kg です。次の〔　　〕をうめましょう。

❶ 重さが 350 g の水の体積は〔　　　　〕cm³ です。

❷ 水 0.4 m³ の重さは〔　　　　〕kg です。また，単位を t で表すと〔　　　　〕t になります。

❸ 水 180 mL の重さは〔　　　　〕kg です。

❹ 水〔　　　　〕kL の重さは 0.45 t です。

ポイント　「水 1 L の重さは 1 kg です。」ということわり書きに気をつけましょう。油やジュースでは 1 L が 1 kg にはならないので，注意しましょう。

まとめのテスト

時間 **20**分

答え 14ページ

得点 /100点

1 次の量を表すのにどんな単位を使いますか。〔　　〕にあてはまる単位を書きましょう。

1つ4〔24点〕

① 橋の長さ　　　　　　27〔　　〕　② まどの幅_{はば}　　　180〔　　〕

③ 川でつった魚の重さ　0.8〔　　〕　④ 自動車の重さ　　　1.2〔　　〕

⑤ まさおさんの部屋の広さ　12〔　　〕　⑥ 東京都の面積　　　2194〔　　〕

2 下の表は，量を表す単位のしくみをまとめたものです。〔　　〕をうめましょう。 1つ4〔24点〕

単位の前につけることば	ミリ m	センチ c	デシ d		ヘクト h	キロ k
意味	〔ア〕倍	〔イ〕倍	$\frac{1}{10}$倍	l	100倍	〔ウ〕倍
長さの単位	mm	〔エ〕	—	m	—	km
重さの単位	〔オ〕	—	—	g	—	kg
面積の単位	—	—	—	a	ha	—
体積の単位	mL	—	dL	L	—	〔カ〕

ア（　　　　　　）　イ（　　　　　　）　ウ（　　　　　　）
エ（　　　　　　）　オ（　　　　　　）　カ（　　　　　　）

3 次の〔　　〕をうめましょう。 1つ4〔24点〕

① 1 m² ＝〔　　　　　〕cm²　② 1 m² ＝〔　　　　　〕km²

③ 〔　　　　　〕cm³＝1 m³＝〔　　　　　〕L　④ 〔　　　　　〕g＝1 kg＝〔　　　　　〕t

4 よく出る 次の量を，（　）の中の単位で表しましょう。 1つ5〔20点〕

① 18 cm　（mm）　（　　　　　　）　② 0.8 km²　（m²）　（　　　　　　）

③ 2 m³　（L）　（　　　　　　）　④ 5800 cm³　（m³）　（　　　　　　）

5 よく出る 水 1 L の重さは 1 kg です。次の〔　　〕をうめましょう。 1つ4〔8点〕

① 水 800 mL の重さは〔　　　　　〕g です。

② 重さが 0.5 kg の水の体積は〔　　　　　〕cm³ です。

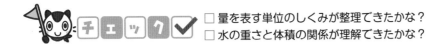

□ 量を表す単位のしくみが整理できたかな？
□ 水の重さと体積の関係が理解できたかな？

① 和差算
応用のワーク

答え 14ページ

☆ 兄と弟の貯金を合わせると 8500 円で，兄の金額は弟の金額より 700 円多いそうです。兄と弟の貯金額はそれぞれいくらですか。

とき方　和差算とは，

「2 つの量があり，その和と差がそれぞれわかる

　ときに，2 つの量を求める」

というタイプの問題です。

　3 つ以上の量で複雑になった問題もあります。

　式をつくり，答えを求めましょう。

　　　（兄）＋（弟）＝8500

　　　（兄）－（弟）＝700

より，（兄）＝（8500＋　　　）÷2＝　　　

　　　（弟）＝（8500－　　　）÷2＝　　　

答え 兄　　　円，弟　　　円

さんこう

2 つの量 A，B について，

A＋B＝(和)，　A－B＝(差)

のとき，A＝{(和)＋(差)}÷2

　　　　B＝{(和)－(差)}÷2

たいせつ

数直線をかくと，わかりやすくなります。

❶ 大小 2 つの数があり，和は 20 で，差は 4 です。2 つの数はそれぞれいくつですか。

式

答え（　　　　　　　）

❷ りんごとみかんが全部で 186 個あり，りんごよりみかんのほうが 12 個多いそうです。りんごとみかんの個数はそれぞれ何個ですか。

式

答え　りんご（　　　　　　），みかん（　　　　　　）

❸ 動物園に行くのに，電車代とバス代と入園料で合わせて 1340 円かかりました。電車代はバス代よりも 180 円高く，入園料は電車代よりも 140 円高かったそうです。入園料はいくらでしたか。

式

3 つの量についての和差算。
下のような図をかくと…

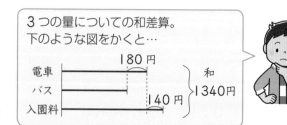

答え（　　　　　　　）

ポイント　「和差算」は，和と差だけに関する問題で，倍や割合の関係をふくんでいないので，比較的解きやすいといえます。数直線をかくことがポイントです。

② 年れい算
応用のワーク

答え 14ページ

やってみよう

☆ いま，父は 36 才，妹は 8 才です。父の年れいが妹の年れいの 3 倍になるのは，いまから何年後ですか。

とき方 年れい算とは，年れいの何倍かについての問題で，

「A の年れいが B の年れいの〇倍になるのは何年後(何年前)か」

というようなかたちをしています。

式をつくり，答えを求めましょう。

父の年れいが妹の年れいの 3 倍になったとき，妹の年れいを①とすると父の年れいは③で，その差は，③−①＝②

また，父と妹の年れいの差はつねに一定で，その差は，36−□（才）

よって，①にあたる妹の年れいは，

(36−□)÷(3−1)＝□（才）

それは，□−8＝□（年後）

さんこう

年れいの差は常に一定

というところに着目します。
父が妹の 3 倍のとき，妹を①とすると父は③で，その差は②となります。

たいせつ

次のような数直線をかいて考えます。

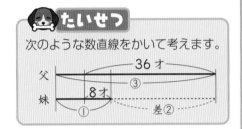

答え □ 年後

1 いま，母は 41 才，兄は 13 才です。母の年れいが兄の年れいの 2 倍になるのは，いまから何年後ですか。

式

答え（　　　　　）

2 いま，母は 35 才，妹は 11 才です。母の年れいが妹の年れいの 5 倍だったのは，いまから何年前でしたか。

式

答え（　　　　　）

3 いま，父は 32 才で，2 人の子の年れいは 7 才と 3 才です。父の年れいが 2 人の子の年れいの和の 2 倍になるのは，いまから何年後ですか。

式

父が 32 才の 2 倍の 64 才で，1 年に 2 才ずつ年をとると考えるといいよ。すると，子ども 2 人分の年れいとの差はいつも一定だね。

答え（　　　　　）

ポイント 年れい算は，だれでも 1 年に 1 才ずつ年をとり，年れいの差はいつも一定である，というところに着目して，年れいの倍数の関係を考えて解きます。数直線をかくことがたいせつです。

③ 分配算
応用のワーク

答え 15ページ

やってみよう

☆ 2000円をA，Bの2人で分けます。AはBの2倍より200円多くなるように分けるとき，A，Bの分けまえはそれぞれいくらになりますか。

とき方 分配算とは，ことばのとおり，お金などを何人かで分けて配ることに関する問題ですが，たいていの場合，

「AはBの○倍よりも△円多い」

といったかたちで，何倍という関係をふくんでいます。式をつくり，答えを求めましょう。

Bの金額を①とすると，Aの金額は，②＋200（円）

①＋②＝③にあたる金額は，2000－ _____ （円）

よって，①にあたるBの金額は，

（2000－ _____ ）÷（1＋ _____ ）＝ _____ （円）

Aの金額は， _____ ×2＋200＝ _____ （円）

答え A _____ 円，B _____ 円

さんこう 🐱
いちばん小さい量を①として，倍の関係に着目し，他の量や全体の量を②や③などと表して考えます。

たいせつ 🐶
次のような数直線をかいて考えます。
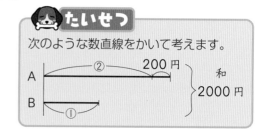

❶ 大小2つの数があり，和は23で，大きいほうの数は小さいほうの数の3倍より5だけ小さいそうです。2つの数はそれぞれいくつですか。

式

答え（　　　　　　　　）

❷ 長さが4mのひもを2つに分けます。一方がもう一方の4倍よりも50cm短くなるように分けるには，何cmと何cmにすればよいですか。

式

答え（　　　　　　　　）

❸ 2500円をA，B，Cの3人で分けます。AはBの2倍よりも300円多く，CはBの3倍よりも200円少なくなるように分けるとき，3人がもらった金額はそれぞれいくらになりますか。

式

Bの金額を①とするといいよ。数直線をかいて，①＋②＋③は2500円よりいくら多いかあるいは少ないかを調べよう！

答え A（　　　　　） B（　　　　　） C（　　　　　）

ポイント 分配算は，いろいろな量の関係が少し複雑な場合が多いので，まず数直線をかきます。あとは，いちばん小さい量を①として，他の量がその何倍かを調べます。

④ 過不足算
応用のワーク

答え 15ページ

やってみよう

☆ えんぴつが何本かあります。これらを子どもに配るのに，１人に５本ずつ配ると10本余り，１人に７本ずつ配ろうとすると６本足りません。

① 子どもは何人いますか。　　② えんぴつは何本ありますか。

とき方 過不足算とは，

「○ずつ配ると△不足し，●ずつ配ると▲余る」という形をしていて，このことから，配るものの数，配る人数という２つの量を求める問題です。

① ７本ずつ配るときと５本ずつ配るときに必要なえんぴつの本数の差は，10+☐（本）

子ども１人あたりの差は，7−☐（本）

よって，子どもの人数は，

(10+☐)÷(7−☐)=☐（人）

② えんぴつの本数は，5×☐+10=☐（本）

答え ① ☐ 人　② ☐ 本

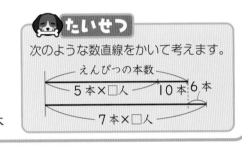

さんこう

１人分の差（○と●の差）と差の集まり（△と▲）について，差の集まり＝１人分の差×人数の関係から人数を求めます。

たいせつ

次のような数直線をかいて考えます。

えんぴつの本数
5本×☐人　　10本 6本
7本×☐人

❶ 色紙を何人かに配るのに，１人に15枚ずつ配ると16枚余り，１人に20枚ずつ配ろうとすると44枚足りません。色紙は何枚ありますか。

式

答え（　　　　　）

❷ ノートを子どもに配るのに，１人に6冊ずつ配ろうとすると17冊足りないので，１人に4冊ずつ配ることにしましたが，まだ3冊足りませんでした。ノートは何冊ありますか。

式

「17冊足りない」と「3冊足りない」ときの差は，どれだけかな？

答え（　　　　　）

❸ クラスの生徒が長いすに座るのに，１きゃくに3人ずつ座ろうとすると3人が座れません。そこで，１きゃくに4人ずつ座っていったところ，長いすは１きゃく余り，最後のいすには2人が座っていました。クラスの人数は何人ですか。

式

答え（　　　　　）

ポイント 「過不足算」は，「過不足」の関係から，全体の差を１人分の差でわると，人数が求められることに着目して解きます。やはり，数直線が重要です。

⑤ 相当算
応用のワーク

答え 15ページ

やってみよう

☆ 持っていたお金の $\frac{2}{5}$ で本を買い，残ったお金の $\frac{1}{3}$ で食事をしたところ，最後に残ったお金は1200円でした。はじめに持っていたお金はいくらでしたか。

とき方　「相当算」とは，残りの部分などに対する量と割合（わりあい）がわかっているときに，もとの全体の量を求める問題です。

基本的には割合の問題といえますが，問題の状況がやや複雑なものもあります。

式をつくり，答えを求めましょう。

食事をする前の金額は，

$$1200 \div \left(1 - \frac{1}{3}\right) = \boxed{} \text{（円）}$$

よって，はじめに持っていたお金は，

$$\boxed{} \div \left(1 - \frac{2}{5}\right) = \boxed{} \text{（円）}$$

さんこう
残りの割合＝1－使った割合
全体の量＝残りの量÷残りの割合

たいせつ
次のような数直線をかいて考えます。
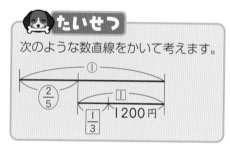

答え □ 円

❶ 牛乳（ぎゅうにゅう）を買ってきて，1日目にその $\frac{1}{3}$ を飲み，2日目に残りの $\frac{1}{4}$ を飲んだところ，残りは450mL でした。はじめに買ってきた牛乳は何mL でしたか。
式

答え（　　　　　　　　）

❷ ある本を読むのに，1日目に全体の $\frac{1}{4}$ より6ページ多く読み，2日目に残りの $\frac{1}{3}$ より8ページ多く読みましたが，まだ36ページ残りました。この本のページ数を求めましょう。
式

答え（　　　　　　　　）

❸ チョコを兄と弟で分けます。兄は全体の $\frac{1}{3}$ より7個多く，弟は全体の $\frac{1}{2}$ より2個少なくなりました。チョコは全部で何個ですか。
式

数直線をかいて調べます。
全体を1として
$1 - \frac{1}{3} - \frac{1}{2}$ にあたる個数
を考えます。

答え（　　　　　　　　）

ポイント　相当算では，最後に残った部分からさかのぼって，その前の量を順に求めていきます。
（その前の量）＝（残りの量）÷{1－（使った割合）}　の関係をくり返し利用します。

⑥ 旅人算
応用のワーク

答え 15ページ

☆ 家から750mのところに公園があります。兄は，家を出て分速70mで歩いて公園まで行ってすぐに家に引き返しました。弟は，兄と同時に家を出て，分速50mで歩いて公園に向かいました。2人がすれちがうのは，家から何mの地点ですか。

とき方　「旅人算」とは，速さの問題の応用で，「出会ったり追いついたりする場合」を調べる問題です。複雑な問題では，略図をかいて人の動きを順にかき入れるとわかりやすいです。

式をつくり，答えを求めましょう。

家を出てから2人がすれちがうまでに進むきょりの和は，□×2=□(m)

2人がすれちがうまでにかかる時間は，

□÷(70+□)=□(分)

家からすれちがう地点までのきょりは，弟が歩いた道のりと同じだから，

50×□=□(m)

さんこう

出会うまでの時間
　＝2人が進むきょりの和÷速さの和
追いつくまでの時間
　＝2人が進むきょりの差÷速さの差

たいせつ

次のような図をかいて考えましょう。

答え　□ m

---

1 下の図のように，家から西に240mのところにA地点，家から東に900mのところにB地点があります。姉は，家を出て分速60mで歩いてA地点に行き，すぐに折り返してB地点に向かいました。妹は，姉が家を出たのと同時に家を出て，分速180mの自転車でB地点へ行き，すぐに折り返してA地点に向かいました。2人がすれちがう地点は，家からどちらの方向に何mのところですか。

式

西 A 240m 家 ——900m—— B 東

答え（　　　　　　　）

2 池のまわりに，1周が1.2kmの道があります。AさんとBさんは同じ地点を同時に自転車で出発して，同じ向きに進みました。Aさんは分速160mで進み，Bさんは分速210mで進むとき，Bさんが1周多く回ってAさんに追いつくのは，2人が同時に出発してから何分後ですか。

式

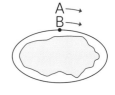

BさんがAさんに追いつくのは，2人の進んだきょりの差が1周分になるときだね。

答え（　　　　　　　）

ポイント　出会い　➡ 1分間に速さの和だけ縮まるので，（2人が進むきょりの和）÷（速さの和）
　　　　　追いつき ➡ 1分間に速さの差だけ縮まるので，（2人が進むきょりの差）÷（速さの差）

まとめのテスト①

時間 **20**分

得点

/100点

答え **15ページ**

1 さおりさんとお姉さんの持っているお金を合わせると 2800 円になります。お姉さんはさおりさんより 400 円多く持っています。さおりさんの持っているお金はいくらですか。

式

1つ8〔16点〕

答え（　　　　　　　　）

2 よく出る いま，父は 44 才，としきさんは 12 才です。父の年れいがとしきさんの年れいの 3 倍になるのは，いまから何年後ですか。

式

1つ8〔16点〕

答え（　　　　　　　　）

3 よく出る あめを子どもに配るのに，1 人に 12 個ずつ配ると 25 個余り，1 人に 16 個ずつ配ろうとすると 35 個足りません。

1つ8〔32点〕

❶ 子どもは何人いますか。

式

答え（　　　　　　　　）

❷ あめは何個ありますか。

式

答え（　　　　　　　　）

4 6 年生で，運動クラブに入ってる人は，6 年生全体の $\frac{2}{5}$ より 2 人多く，運動クラブに入っていない人は，6 年生全体の $\frac{5}{8}$ より 5 人少ないです。6 年生の人数は何人ですか。

式

1つ8〔16点〕

答え（　　　　　　　　）

5 家から 1800 m のところに駅があります。みさきさんは，家を出て分速 185 m で自転車で駅まで行ってすぐ家に引き返しました。妹は，みさきさんと同時に家を出て，分速 55 m で歩いて駅まで向かいました。2 人がすれちがうのは，家から何 m の地点ですか。

式

1つ10〔20点〕

答え（　　　　　　　　）

□ 和差算，年れい算を数直線をかいて解くことができたかな？
□ 過不足算を数直線をかいて解くことができたかな？

まとめのテスト❷

時間 **20**分

答え 16ページ

得点 /100点

勉強した日　月　日

1 赤，白，青の 3 つの玉があります。3 つの玉の重さの合計は 250g です。赤い玉の重さは白い玉より 20g 重く，青い玉は赤い玉より 30g 重いそうです。　　　　　1つ8〔32点〕

① 白い玉は，青い玉より何g軽いですか。

式

答え（　　　　　　　）

② 白い玉の重さは何g ですか。

式

答え（　　　　　　　）

2 まわりの長さが 320cm の長方形があります。この長方形の横の長さは，縦の長さの 3 倍より 20cm 短いそうです。この長方形の横の長さは何cm ですか。　　　　1つ8〔16点〕

式

答え（　　　　　　　）

3 色紙を子どもに配るのに，1 人に 20 枚ずつ配ろうとすると 50 枚足りないので，1 人に 18 枚ずつ配ることにしましたが，まだ 2 枚足りませんでした。色紙は何枚ありますか。

式　　　　　　　　　　　　　　　　　　　　　　　　　　　　　　　　　1つ9〔18点〕

答え（　　　　　　　）

4 ありささんは，持っていたリボンの $\frac{3}{5}$ の長さを使いました。そのあと，姉が残った長さの $\frac{4}{9}$ を使ったところ，残りは 60cm になりました。はじめのリボンの長さは何cm ですか。

式　　　　　　　　　　　　　　　　　　　　　　　　　　　　　　　　　1つ9〔18点〕

答え（　　　　　　　）

5 よく出る 1 周が 1500m のハイキングコースがあります。A さんと B さんは同じ地点を同時に出発して，反対向きに進みました。A さんは分速 85m，B さんは分速 65m で進むとき，2 人が出会うのは 2 人が同時に出発してから何分後ですか。　　　1つ8〔16点〕

式

答え（　　　　　　　）

□ 分配算，相当算を数直線を使って解くことができたかな？
□ 2 人が出会う場合，追いこす場合の旅人算が理解できたかな？

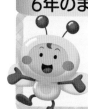

勉強した日　　月　　日

まとめのテスト①

時間 20分　　得点　　/100点

答え 16ページ

1 次の図形について，下の問題に答えましょう。　1つ12〔36点〕

㋐ 平行四辺形　　㋑ 正六角形　　㋒ 正五角形　　㋓ 長方形

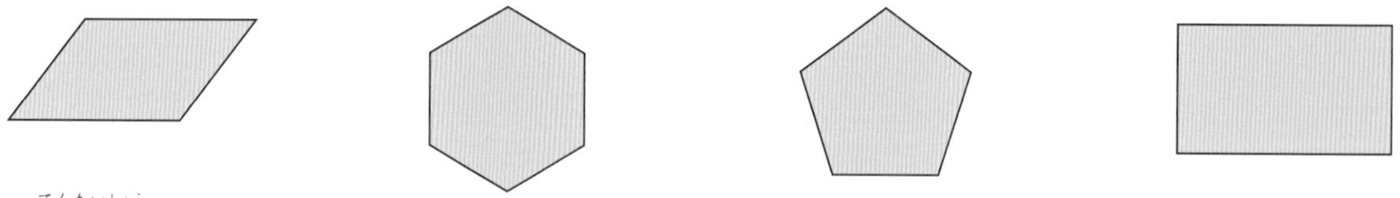

❶ 点対称(てんたいしょう)な図形はどれですか。

(　　　　)

❷ 線対称で，対称の軸(じく)が 2 本だけある図形はどれですか。

(　　　　)

❸ 点対称であるが線対称でない図形はどれですか。

(　　　　)

2 次の中で，$x \times 3 = y$ の式になるのはどれですか。　〔20点〕

㋐ $x$kg の砂糖(さとう)を 3 人で同じ量ずつ分けると，1 人分は $y$kg になります。

㋑ 底辺が $x$cm で高さが 3cm の三角形の面積は，$y$cm² です。

㋒ 1 辺が $x$cm の正三角形のまわりの長さは $y$cm です。

㋓ $x$kg のりんごを 3kg の箱に入れると，全体の重さは $y$kg です。

(　　　　)

3 よく出る 縦(たて)が $3\frac{1}{3}$ m，横が 6 m の長方形の形の花だんがあります。この花だんの面積は何 m² ですか。　1つ10〔20点〕

[式]

答え (　　　　)

4 $\frac{5}{3}$ L のペンキで $\frac{21}{2}$ m² のかべをぬることができるとき，$\frac{8}{9}$ L のペンキでは何 m² のかべをぬることができますか。　1つ12〔24点〕

[式]

答え (　　　　)

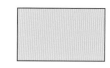

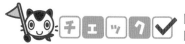

チェック✓
□ 線対称，点対称，対称の軸の本数について理解できたかな？
□ 分数のかけ算，わり算の文章題が正しく解けたかな？

まとめのテスト❷

時間 **20**分

得点 /100点

答え 16ページ

1 次の時間を，（　　）の中の単位で表しましょう。　　　　　　　　　　　　1つ5〔20点〕

❶ 3分24秒 （分）

式

答え（　　　　　　　）

❷ $\frac{17}{4}$時間 （何時間何分）

式

答え（　　　　　　　）

2 はるとさんは，時速$3\frac{4}{7}$kmの速さで1時間24分歩きました。歩いた道のりは何kmですか。　　　　　　　　　　　　1つ8〔16点〕

式

答え（　　　　　　　）

3 大小2本のビンがあり，小さいほうのビンには$\frac{4}{5}$Lの水が入っていて，これは大きいほうのビンに入っている水の$\frac{8}{11}$にあたります。大きいほうのビンには何Lの水が入っていますか。　　　　　　　　　　　　1つ8〔16点〕

式

答え（　　　　　　　）

4 右の図は，正方形と2つの円の一部を組み合わせて作った図形です。色をつけた部分の面積を求めましょう。　　　1つ8〔16点〕

式

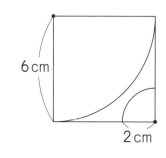

6cm

2cm

答え（　　　　　　　）

5 よく出る おじさんからもらった5200円を，姉と妹で7：6に分けました。　　1つ8〔32点〕

❶ 姉がもらった金額はいくらですか。

式

答え（　　　　　　　）

❷ その後，姉が妹に800円あげました。姉と妹の持っている金額の比を求めましょう。

式

答え（　　　　　　　）

チェック ✔ □ 分数を使って時間を表すことができたかな？
　　　　　　□ 比についての文章題を解くことができたかな？

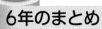

まとめのテスト❸

時間 20分

答え 16ページ

得点 /100点

1 右の図で，三角形DBE は三角形ABC の拡大図です。　1つ10〔20点〕

① 三角形DBE は，三角形ABC の何倍の拡大図ですか。

（　　　　　）

② DE の長さは何cm ですか。

（　　　　　）

2 よく出る 100m のきょりを 5cm に縮めてかいた地図があります。この地図上で12.5cm はなれている 2 地点間の実際のきょりは何m ですか。　1つ10〔20点〕

式

答え（　　　　　）

3 右の図は，ある三角柱の展開図です。この三角柱の体積は何 cm³ ですか。　1つ10〔20点〕

式

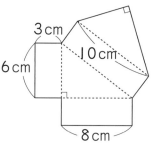

答え（　　　　　）

4 右の図は，円柱を半分にした立体の展開図です。この立体の体積は何cm³ ですか。　1つ10〔20点〕

式

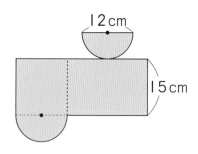

答え（　　　　　）

5 右の図形のおよその面積を求めましょう。　1つ10〔20点〕

式

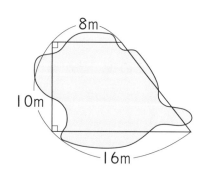

答え（　　　　　）

 □拡大図と縮図の性質を使って長さを求めることができたかな？
□展開図から，角柱，円柱の体積を求めることができたかな？

まとめのテスト❹

答え 16ページ

時間 20分

得点 ／100点

1 よく出る 右のグラフは，一定の速さで x 時間歩いたとき に y km 進むとして，x と y の関係を表したものです。

1つ10〔30点〕

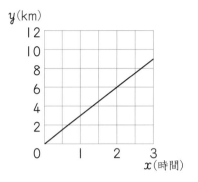

❶ x と y の関係を式に表しましょう。

（　　　　　　　）

❷ x の値が 4 のときの y の値を求めましょう。

（　　　　　　　）

❸ y の値が 15 のときの x の値を求めましょう。

（　　　　　　　）

2 ジュースを 8 人で同じ量ずつ分けると，1 人あたり 120 mL になりました。このジュース を 5 人で同じ量ずつ分けると，1 人あたり何 mL になりますか。 1つ10〔20点〕

式

答え（　　　　　　　）

3 1，2，5，6 の 4 枚のカードから 3 枚を選んで並べて，3 けたの整数をつくります。

1つ10〔30点〕

❶ 3 けたの整数は，何とおりできますか。

（　　　　　　　）

❷ 215 より大きい整数は，何とおりできますか。

（　　　　　　　）

❸ 偶数は，何とおりできますか。

（　　　　　　　）

4 ①，②，③，④，⑤ の 5 個の玉のうち，3 個を A の箱に入れ，残りを B の箱に入れま す。玉の入れ方は，全部で何とおりありますか。 〔20点〕

（　　　　　　　）

□ 比例，反比例で，x と y の関係を式で表すことができたかな？
□ 場合の数を正しく求めることができたかな？

95

まとめのテスト❺

時間 20分

答え 16ページ

〔勉強した日〕 月 日

得点 /100点

1 よく出る 右のグラフは，20個のたまごの重さを測定した結果を表したものです。 1つ10〔30点〕

〔たまごの重さ〕

❶ 重さが55g以上のたまごは全体の何%ですか。

式

答え（ 　　　　　 ）

❷ 重さが63gのたまごは，重さが重いほうから数えて，何個目から何個目のはんいに入りますか。

（ 　　　　　 ）

2 次の〔 　　 〕にあてはまる数を答えましょう。 1つ5〔20点〕

❶ 260mm＝〔 　　　 〕cm

❷ 480cm³＝〔 　　　 〕L

❸ 0.8m²＝〔 　　　 〕cm²

❹ 1800kg＝〔 　　　 〕t

3 水1Lの重さは1kgです。次の〔 　 〕にあてはまる数を答えましょう。 1つ5〔10点〕

❶ 水24mLの重さは〔 　　　 〕kgです。

❷ 重さが720gの水の体積は〔 　　　 〕cm³です。

4 右の図の四角形ABCDは長方形で，まわりの長さは80cmです。辺BCの長さは辺ABの長さより8cm長いです。辺AB，辺BCの長さはそれぞれ何cmですか。 1つ10〔20点〕

式

答え 辺AB（ 　　　 ） 辺BC（ 　　　 ）

5 まさしさんは，持っているお金の $\frac{2}{3}$ でぼうしを買い，残っているお金の $\frac{3}{4}$ で本を買ったところ，残ったお金が200円でした。はじめに持っていたお金はいくらでしたか。 1つ10〔20点〕

式

答え（ 　　　　　 ）

□ 柱状グラフを正しく読み取ることができたかな？
□ いろいろな単位どうしの関係を整理できたかな？

教科書ワーク

答えとてびき

「答えとてびき」は，とりはずすことができます。

全教科書対応

文章題・図形 6年

1 対称な図形

2ページ 基本のワーク

☆ 線対称，対称の軸　　　答え ❶ F ❷ AB

❶ ⑦, ⑨

❷ ❶ 点E　❷ 辺ED　❸ 角C

❸ 25°

てびき ぴったり重なるように折り返したときに重なる点や辺をさがします。

3ページ 基本のワーク

☆ 答え ❶ 2　❷ 4

❶ ❶ 3本　❷ 2本

❷ ❶ 垂直　❷ 等しい

❸ ❶

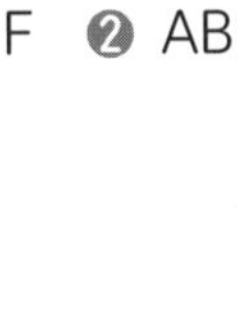

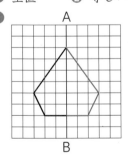

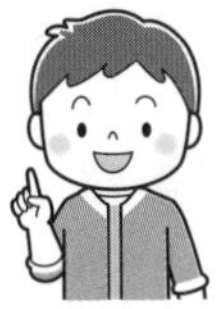

❷

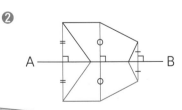

てびき 対称の軸は，対応する点を結ぶ直線を垂直に2等分する直線になります。

4ページ 基本のワーク

☆ 点対称，対称の中心　　　答え ❶ EF ❷ A

❶ ⑦, ⑨

❷ ❶ 点F　❷ 辺HA　❸ 角H

❸ ❶ 30°　❷ 6cm

てびき 対称の中心のまわりに180°回転させたときに重なる辺や角を考えます。

5ページ 基本のワーク

☆ 答え

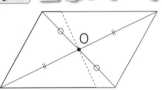

❶ ❶ 等しい　❷ 70°

❷

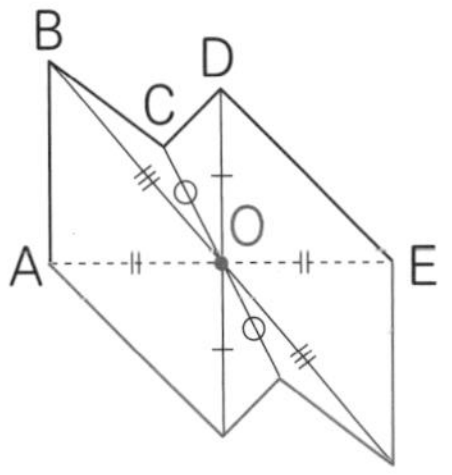

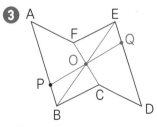

❸

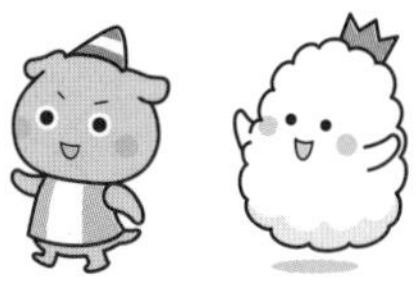

てびき 対称の中心は，2組の対応する点を結んだ直線の交わった点になります。

6 ページ 基本のワーク

☆ 答え 線対称…㋐，㋒　　点対称…㋐，㋑，㋒

❶ ❶ ㋐，㋒　　❷ ㋑，㋒

❸ ㋐　　❹ 1本

❷

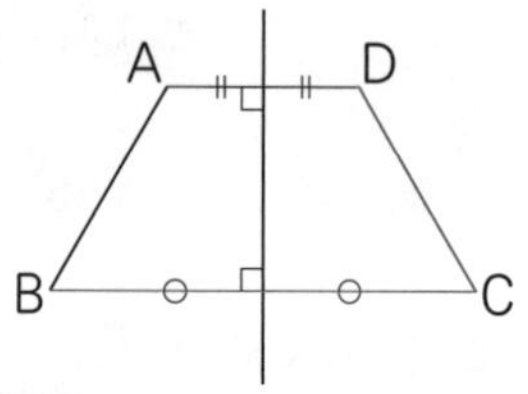

てびき　線対称であり点対称でもある図形，線対称，点対称どちらか一方である図形，線対称でも点対称でもない図形があります。

7 ページ 基本のワーク

☆ 答え 線対称…㋐，㋑，㋒

点対称…㋑，㋒

❶ 線対称…㋐，㋑，㋒　点対称…㋐，㋒

❷ ❶

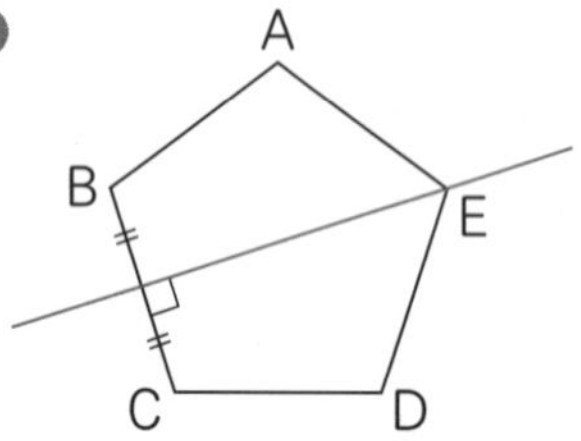

❷ 5本　　❸ 点対称な図形でない。

❸ ㋑，㋓，㋕

てびき　正多角形は，どれも線対称ですが，頂点の数が奇数のものは，点対称ではありません。

8 ページ まとめのテスト❶

1 ㋐，㋒

2

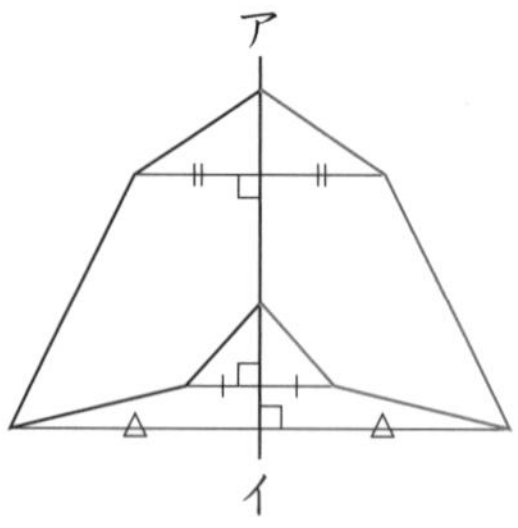

3

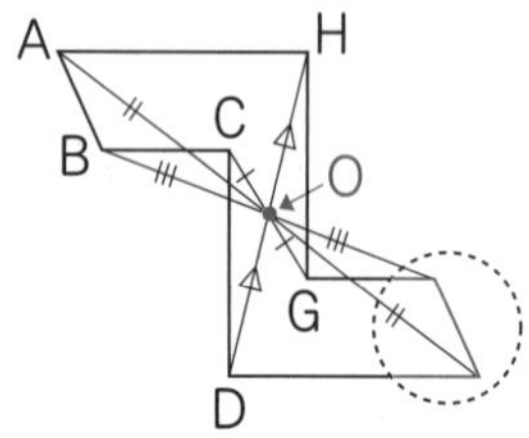

4 ❶ ㋑，㋓　　❷ ㋒

9 ページ まとめのテスト❷

1 ㋐，㋒

2

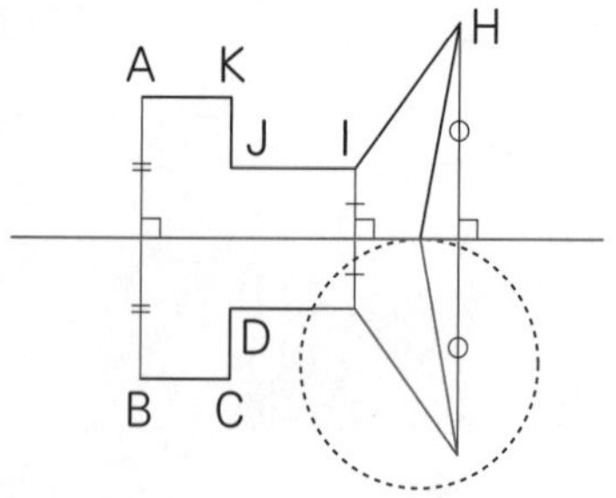

3 ❶ 垂直　　❷ 等しく

❸ 中心　　❹ 等しく

4 ❶ ㋐，㋒，㋔

❷ ㋒，㋓，㋔，㋕

2 文字を使った式

10 ページ 基本のワーク

☆ ❶ 答え $x \times 4$

❷ 80，320　　答え 320

❸ 480，4，120　　答え 120

❶ ❶ $x \times 4$

❷ [式] $6 \times 4 = 24$　　答え 24 cm

❷ ❶ $70 \times x$

❷ [式] $70 \times 4 = 280$　　答え 280円

❸ [式] $70 \times x = 630$

$x = 630 \div 70 = 9$　　答え 9

てびき　x を使った式を考えるときは，まずことばの式で考えましょう。

11 ページ 基本のワーク

☆ ❶ 答え $40 \times x = y$

❷ 7，280　　答え 280

❸ 520，40，13　　答え 13

❶ ❶ $6 \times x = y$

❷ [式] $6 \times 8 = 48$　　答え 48

❷ ❶ $2 \times x = y$

❷ [式] $2 \times 5 = 10$　　答え 10

❸ [式] $2 \times x = 18$

$x = 18 \div 2 = 9$　　答え 9

てびき　ことばの式に量をあてはめるとき，数字でも文字でも同じようにあてはめます。

12ページ 基本のワーク

☆ ㋐ 高さ，2，3　㋑ 6
㋒ 12（6×2 でもよい）　㋓ 6　答え ㋓

❶ ❶ ㋒　❷ ㋑　❸ ㋐

❷ ㋒

てびき　同じ式でも，文字の表す量によって，式の意味がいろいろに変わります。

13ページ まとめのテスト

1 ❶ $12\times x$
❷ [式] $12\times6=72$　答え 72cm
❸ [式] $12\times x=96$
$x=96\div12=8$　答え 8

2 ❶ $x\times7=y$
❷ [式] $8\times7=56$　答え 56
❸ [式] $x\times7=105$
$x=105\div7=15$　答え 15

3 ㋑

てびき　**3** ㋐ $x\times3\div2=y$，
㋒ $x\times3\times2=y$，㋓ $x\times3+x\times2=y$
となります。

3 分数のかけ算とわり算

14ページ 基本のワーク

☆ $\frac{2\times4}{3}$，$\frac{8}{3}$　答え $\frac{8}{3}\left(2\frac{2}{3}\right)$

❶ [式] $\frac{5}{7}\times3=\frac{15}{7}$　答え $\frac{15}{7}\left(2\frac{1}{7}\right)$cm

❷ [式] $\frac{2}{5}\times7=\frac{14}{5}$　答え $\frac{14}{5}\left(2\frac{4}{5}\right)$L

❸ [式] $\frac{5}{6}\times9=\frac{15}{2}$　答え $\frac{15}{2}\left(7\frac{1}{2}\right)m^2$

❹ [式] $1\frac{2}{3}\times6=10$　答え 10a

15ページ 基本のワーク

☆ $\frac{4\times2}{7\times3}$，$\frac{8}{21}$　答え $\frac{8}{21}$

❶ [式] $\frac{3}{4}\times\frac{2}{5}=\frac{3}{10}$　答え $\frac{3}{10}m^2$

❷ [式] $\frac{7}{6}\times\frac{3}{5}=\frac{7}{10}$　答え $\frac{7}{10}$kg

❸ [式] $240\times\frac{5}{8}=150$　答え 150円

❹ [式] $\frac{8}{7}\times\frac{13}{12}=\frac{26}{21}$　答え $\frac{26}{21}\left(1\frac{5}{21}\right)$L

てびき　単位量が分数でも，整数と同じように計算ができます。

16ページ 基本のワーク

☆ 27，27　答え $\frac{27}{10}\left(2\frac{7}{10}\right)$

❶ [式] $\frac{12}{25}\times2\frac{2}{9}=\frac{16}{15}$　答え $\frac{16}{15}\left(1\frac{1}{15}\right)$L

❷ [式] $5\frac{2}{5}\times2\frac{2}{3}=\frac{72}{5}$　答え $\frac{72}{5}\left(14\frac{2}{5}\right)m^2$

❸ [式] $9\frac{1}{3}\times4\frac{2}{7}=40$　答え 40km

❹ ㋑，㋔

てびき　❹ かける数が1より小さい式を選びます。

17ページ 基本のワーク

☆ $\frac{4}{5\times8}$，$\frac{1}{10}$　答え $\frac{1}{10}$

❶ [式] $\frac{5}{6}\div4=\frac{5}{24}$　答え $\frac{5}{24}$L

❷ [式] $2\frac{1}{3}\div3=\frac{7}{9}$　答え $\frac{7}{9}$kg

❸ [式] $\frac{14}{25}\div7=\frac{2}{25}$　答え $\frac{2}{25}$kg

❹ [式] $3\frac{4}{7}\div5=\frac{5}{7}$　答え $\frac{5}{7}$m

18ページ 基本のワーク

☆ $\frac{7}{5}$，$\frac{3\times7}{5\times5}$，$\frac{21}{25}$　答え $\frac{21}{25}$

❶ [式] $\frac{2}{3}\div\frac{4}{5}=\frac{5}{6}$　答え $\frac{5}{6}$kg

❷ [式] $\frac{14}{5}\div\frac{7}{9}=\frac{18}{5}$　答え $\frac{18}{5}\left(3\frac{3}{5}\right)$L

❸ ❶ [式] $\frac{9}{10}\div\frac{15}{14}=\frac{21}{25}$　答え $\frac{21}{25}$kg
❷ [式] $\frac{15}{14}\div\frac{9}{10}=\frac{25}{21}$　答え $\frac{25}{21}\left(1\frac{4}{21}\right)m^2$

❹ [式] $160\div\frac{8}{7}=140$　答え 140円

19ページ 基本のワーク

☆ 18，$\frac{7}{18}$，$\frac{27\times7}{14\times18}$，$\frac{3}{4}$　答え $\frac{3}{4}$

❶ [式] $2\frac{4}{7}\div1\frac{13}{14}=\frac{4}{3}$　答え $\frac{4}{3}\left(1\frac{1}{3}\right)$L

❷ [式] $1\frac{1}{4}\div2\frac{1}{2}=\frac{1}{2}$　答え $\frac{1}{2}$kg

❸ [式] $840\div3\frac{1}{9}=270$　答え 270円

❹ ㋐，㋓，㋒，㋑

① 全体の体積÷全体の重さ
＝1kgの体積 です。
②「1mあたりの重さ」を求めるときは、「全体
の重さ」がわられる数になります。
④ わる数が小さいほど、商は大きくなります。

20ページ 基本のワーク

☆ $\frac{4\times4}{5\times3}$, $\frac{16}{15}$, $\frac{16}{15}$, $\frac{16\times7}{15\times8}$, $\frac{14}{15}$ 　　答え $\frac{14}{15}$

① 式 $\frac{3}{5}\div\frac{5}{4}=\frac{12}{25}$
　　$\frac{12}{25}\times\frac{7}{6}=\frac{14}{25}$ 　　　答え $\frac{14}{25}$ kg

② 式 $\frac{5}{6}\div\frac{2}{5}=\frac{25}{12}$
　　$\frac{25}{12}\times\frac{8}{5}=\frac{10}{3}$ 　　　答え $\frac{10}{3}\left(3\frac{1}{3}\right)$ kg

③ ❶ 式 $2\frac{2}{3}\div1\frac{5}{7}=\frac{14}{9}$
　　　$\frac{14}{9}\times2\frac{1}{2}=\frac{35}{9}$ 　　答え $\frac{35}{9}\left(3\frac{8}{9}\right)$ a

　❷ 式 $1\frac{5}{7}\div2\frac{2}{3}=\frac{9}{14}$
　　　$\frac{9}{14}\times1\frac{4}{5}=\frac{81}{70}$ 　答え $\frac{81}{70}\left(1\frac{11}{70}\right)$ L

てびき **①** 2段階に分け、まず1mあたりの
重さを求めます。

21ページ 基本のワーク

☆ $\frac{1}{2}$, $\frac{9\times8\times1}{5\times7\times2}$, $\frac{36}{35}$ 　答え $\frac{36}{35}\left(1\frac{1}{35}\right)$

① 式 $\frac{5}{3}\times\frac{9}{8}\div2=\frac{15}{16}$ 　　答え $\frac{15}{16}$ cm²

② 式 $\frac{7}{5}\div\frac{7}{8}=\frac{8}{5}$ 　　答え $\frac{8}{5}\left(1\frac{3}{5}\right)$ cm

③ 式 $\frac{5}{6}\times\frac{7}{3}\times\frac{2}{3}=\frac{35}{27}$ 　答え $\frac{35}{27}\left(1\frac{8}{27}\right)$ cm³

④ 式 $\frac{4}{5}\times\frac{4}{5}\times\frac{4}{5}=\frac{64}{125}$ 　答え $\frac{64}{125}$ m³

てびき 面積や体積の公式は、辺の長さが分数
のときでも、整数のときと同じように使えます。

22ページ まとめのテスト❶

1 式 $2\frac{3}{5}\times5=13$ 　　答え 13 L

2 式 $\frac{3}{8}\div\frac{3}{2}=\frac{1}{4}$ 　　答え $\frac{1}{4}$ kg

3 式 $\frac{7}{12}\div\frac{2}{3}=\frac{7}{8}$
　　$\frac{7}{8}\times\frac{8}{9}=\frac{7}{9}$ 　　　答え $\frac{7}{9}$ kg

4 式 $1\frac{4}{5}\times3\frac{1}{3}\div2=3$ 　　答え 3 cm²

---

5 式 $\frac{4}{3}\times\frac{25}{12}=\frac{25}{9}$, $\frac{4}{3}\times\frac{4}{3}=\frac{16}{9}$
　　$\frac{25}{9}-\frac{16}{9}=\frac{9}{9}=1$ 　　答え 1 cm²

23ページ まとめのテスト❷

1 式 $1\frac{3}{5}\div4=\frac{2}{5}$ 　　答え $\frac{2}{5}$ m²

2 式 $\frac{15}{16}\div\frac{9}{10}=\frac{25}{24}$ 　答え $\frac{25}{24}\left(1\frac{1}{24}\right)$ kg

3 式 $\frac{25}{6}\div\frac{5}{8}=\frac{20}{3}$
　　$\frac{20}{3}\times\frac{7}{10}=\frac{14}{3}$ 　答え $\frac{14}{3}\left(4\frac{2}{3}\right)$ L

4 式 $2\frac{3}{5}\div1\frac{3}{10}=2$ 　　答え 2 cm

5 式 $\frac{17}{15}\times\frac{4}{7}\div2=\frac{34}{105}$
　　$\frac{11}{15}\times\frac{4}{7}\div2=\frac{22}{105}$
　　$\frac{34}{105}+\frac{22}{105}=\frac{56}{105}=\frac{8}{15}$ 　答え $\frac{8}{15}$ cm²

てびき **3** 2段階に分け、まず1kgあたりの
使う水の量を求めます。

4 割合と分数

24ページ 基本のワーク

☆ $\frac{3}{4}$, $\frac{4}{3}$, $\frac{5\times4}{8\times3}$, $\frac{5}{6}$ 　　答え $\frac{5}{6}$

① 式 $\frac{2}{3}\div\frac{6}{7}=\frac{7}{9}$ 　　答え $\frac{7}{9}$ 倍

② 式 $\frac{4}{5}\div\frac{2}{3}=\frac{6}{5}$ 　答え $\frac{6}{5}\left(1\frac{1}{5}\right)$ 倍

③ 式 $\frac{25}{7}\div\frac{5}{4}=\frac{20}{7}$ 　答え $\frac{20}{7}\left(2\frac{6}{7}\right)$ 倍

④ 式 $\frac{14}{15}\div\frac{7}{9}=\frac{6}{5}$ 　答え $\frac{6}{5}\left(1\frac{1}{5}\right)$

てびき 割合を求めるときは、もとにする量が
わる数になります。

25ページ 基本のワーク

☆ $\frac{4}{3}$, $\frac{5\times4}{2\times3}$, $\frac{10}{3}$ 　　答え $\frac{10}{3}\left(3\frac{1}{3}\right)$

① 式 $\frac{5}{3}\times\frac{3}{4}=\frac{5}{4}$ 　答え $\frac{5}{4}\left(1\frac{1}{4}\right)$ kg

② 式 $650\times\frac{4}{5}=520$ 　　答え 520 円

③ 式 $\frac{9}{10}\times\frac{8}{9}=\frac{4}{5}$ 　　答え $\frac{4}{5}$ kg

④ 式 $\frac{10}{3}\times\frac{9}{8}=\frac{15}{4}$ 　答え $\frac{15}{4}\left(3\frac{3}{4}\right)$ km

てびき 比べられる量を求めるときは，もとにする量に割合をかけます。

26ページ 基本のワーク

☆ $\dfrac{4}{7}$，$\dfrac{7}{4}$，$\dfrac{2\times 7}{3\times 4}$，$\dfrac{7}{6}$　　　答え $\dfrac{7}{6}\left(1\dfrac{1}{6}\right)$

❶ 式 $\dfrac{3}{8}\div\dfrac{1}{4}=\dfrac{3}{2}$　　　答え $\dfrac{3}{2}\left(1\dfrac{1}{2}\right)$km

❷ 式 $3\div\dfrac{2}{9}=\dfrac{27}{2}$　　　答え $\dfrac{27}{2}\left(13\dfrac{1}{2}\right)$kg

❸ ❶ 式 $\dfrac{3}{4}\div\dfrac{7}{8}=\dfrac{6}{7}$　　　答え $\dfrac{6}{7}$m

　❷ 式 $\dfrac{3}{4}\times\dfrac{6}{7}=\dfrac{9}{14}$　　　答え $\dfrac{9}{14}$m²

てびき 比べられる量＝もとにする量×割合 から，もとにする量を導きます。

27ページ 応用のワーク

☆ $\dfrac{2}{7}$，$\dfrac{5}{7}$，$\dfrac{5}{7}$，$\dfrac{9}{7}$　　　答え $\dfrac{9}{7}\left(1\dfrac{2}{7}\right)$

❶ ❶ 式 $1-\dfrac{3}{5}=\dfrac{2}{5}$　　　答え $\dfrac{2}{5}$

　❷ 式 $\dfrac{7}{4}\times\dfrac{2}{5}=\dfrac{7}{10}$　　　答え $\dfrac{7}{10}$km

❷ 式 $1-\dfrac{5}{9}=\dfrac{4}{9}$

　$1800\times\dfrac{4}{9}=800$　　　答え 800円

❸ 式 $1-\dfrac{1}{10}=\dfrac{9}{10}$

　$\dfrac{5}{3}\times\dfrac{9}{10}=\dfrac{3}{2}$　　　答え $\dfrac{3}{2}\left(1\dfrac{1}{2}\right)$kg

てびき 1－割合 や 1＋割合 も，割合を表します。

28ページ まとめのテスト❶

1 式 $\dfrac{5}{3}\div\dfrac{3}{4}=\dfrac{20}{9}$　　　答え $\dfrac{20}{9}\left(2\dfrac{2}{9}\right)$倍

2 式 $420\times\dfrac{5}{6}=350$　　　答え 350円

3 式 $\dfrac{3}{8}\times\dfrac{4}{9}=\dfrac{1}{6}$　　　答え $\dfrac{1}{6}$kg

4 式 $210\div\dfrac{7}{8}=240$　　　答え 240枚

5 式 $1-\dfrac{5}{12}=\dfrac{7}{12}$

　$\dfrac{4}{5}\times\dfrac{7}{12}=\dfrac{7}{15}$　　　答え $\dfrac{7}{15}$kg

29ページ まとめのテスト❷

1 式 $\dfrac{3}{4}\div\dfrac{1}{2}=\dfrac{3}{2}$　　　答え $\dfrac{3}{2}\left(1\dfrac{1}{2}\right)$

2 式 $\dfrac{4}{5}\times\dfrac{7}{8}=\dfrac{7}{10}$　　　答え $\dfrac{7}{10}$km

3 式 $\dfrac{5}{3}\div\dfrac{5}{6}=2$　　　答え 2 L

4 式 $\dfrac{7}{3}\div\dfrac{3}{4}=\dfrac{28}{9}$　　　答え $\dfrac{28}{9}\left(3\dfrac{1}{9}\right)$m

5 式 $1-\dfrac{4}{15}=\dfrac{11}{15}$

　$\dfrac{66}{5}\div\dfrac{11}{15}=18$　　　答え 18 m²

5 時間，速さと分数

30ページ 基本のワーク

☆ 20，3，$\dfrac{1}{3}$，15　　　答え 15

❶ ❶ 式 $45\times\dfrac{1}{60}=\dfrac{3}{4}$　　　答え $\dfrac{3}{4}$時間

　❷ 式 $18\times\dfrac{1}{60}=\dfrac{3}{10}$　　　答え $\dfrac{3}{10}$分

　❸ 式 $\dfrac{2}{3}\times 60=40$　　　答え 40秒

　❹ 式 $\dfrac{5}{4}\times 60=75$　　　答え 75分

❷ 式 $50\times\dfrac{1}{60}=\dfrac{5}{6}$

　$180\times\dfrac{5}{6}=150$　　　答え 150 m

❸ 式 $10\div 40=\dfrac{1}{4}$

　$\dfrac{1}{4}\times 60=15$　　　答え 15分

👆 たしかめよう！

1時間 ➡ 60分　　　1分 ➡ 60秒

1分 ➡ $\dfrac{1}{60}$時間　　　1秒 ➡ $\dfrac{1}{60}$分

31ページ 基本のワーク

☆ $\dfrac{5}{4}$，$\dfrac{5}{4}$，$\dfrac{8}{3}$　　　答え $\dfrac{8}{3}\left(2\dfrac{2}{3}\right)$

❶ ❶ 式 2時間54分＝$2\dfrac{54}{60}$時間＝$\dfrac{29}{10}$時間

　　　　答え $\dfrac{29}{10}\left(2\dfrac{9}{10}\right)$時間

　❷ 式 $\dfrac{7}{4}$時間＝$1\dfrac{3}{4}$時間

　　　$\dfrac{3}{4}\times 60=45$　　　答え 1時間45分

❷ 式 $\dfrac{32}{3}\div\dfrac{16}{5}=\dfrac{10}{3}=3\dfrac{1}{3}$

　　$\dfrac{1}{3}\times 60=20$　　　答え 3時間20分

③ 〔式〕 1時間24分＝$1\frac{24}{60}$時間＝$\frac{7}{5}$時間

$\frac{15}{2}×\frac{7}{5}=\frac{21}{2}$ 答え $\frac{21}{2}\left(10\frac{1}{2}\right)$km

てびき 時間の単位を変えるときは，帯分数になおしてから考えるとわかりやすくなります。

32ページ まとめのテスト❶

1 ❶ 〔式〕 $24×\frac{1}{60}=\frac{2}{5}$ 答え $\frac{2}{5}$時間

❷ 〔式〕 $2+36×\frac{1}{60}=\frac{13}{5}$ 答え $\frac{13}{5}\left(2\frac{3}{5}\right)$分

❸ 〔式〕 $\frac{3}{5}×60=36$ 答え 36分

❹ 〔式〕 $\frac{14}{3}=4\frac{2}{3}$

$\frac{2}{3}×60=40$ 答え 4時間40分

2 〔式〕 $400×\frac{18}{60}=120$ 答え 120m

3 〔式〕 $24÷32=\frac{3}{4}$

$\frac{3}{4}×60=45$ 答え 45分

4 〔式〕 2時間40分＝$2\frac{2}{3}$時間

$54×2\frac{2}{3}=144$ 答え 144km

5 〔式〕 $\frac{5}{4}÷\frac{10}{3}=\frac{3}{8}$

$\frac{3}{8}×60=\frac{45}{2}$ 答え $\frac{45}{2}\left(22\frac{1}{2}\right)$分

33ページ まとめのテスト❷

1 〔式〕 8分20秒＝$8\frac{1}{3}$分

$6×8\frac{1}{3}=50$ 答え 50km

2 〔式〕 1時間36分＝$1\frac{3}{5}$時間

$\frac{17}{4}×1\frac{3}{5}=\frac{34}{5}$ 答え $\frac{34}{5}\left(6\frac{4}{5}\right)$km

3 〔式〕 $8÷\frac{3}{5}=\frac{40}{3}=13\frac{1}{3}$

$\frac{1}{3}×60=20$ 答え 13分20秒

4 〔式〕 2分40秒＝$2\frac{2}{3}$分

$\frac{5}{12}×2\frac{2}{3}=\frac{10}{9}$ 答え $\frac{10}{9}\left(1\frac{1}{9}\right)$km

5 〔式〕 24分＝$\frac{2}{5}$時間

$\frac{11}{6}÷\frac{2}{5}=\frac{55}{12}$ 答え 時速$\frac{55}{12}\left(4\frac{7}{12}\right)$km

6 円の面積

34ページ 基本のワーク

☆ 4，4，50.24，50.24，25.12

答え 25.12

1 ❶ 〔式〕 $1×1×3.14=3.14$ 答え 3.14cm²

❷ 〔式〕 $3×3×3.14=28.26$ 答え 28.26cm²

❸ 〔式〕 $10÷2=5$

$5×5×3.14=78.5$ 答え 78.5cm²

2 ❶ 〔式〕 $8×8×3.14÷2=100.48$

答え 100.48cm²

❷ 〔式〕 $8×8×3.14÷4=50.24$

答え 50.24cm²

てびき **1** ❸ 10cmは直径なので，10÷2＝5で半径を求めてから円の面積の公式を使います。

35ページ 基本のワーク

☆ 39.25，6.28，14.13，
39.25，6.28，14.13，18.84

答え 18.84

1 〔式〕 $(2+4)÷2=3$

$2÷2=1$，$4÷2=2$

$3×3×3.14÷2+1×1×3.14÷2$
$-2×2×3.14÷2=9.42$

答え 9.42cm²

2 〔式〕 $8×8-8×8×3.14÷4=13.76$

答え 13.76cm²

3 〔式〕 $8÷2=4$

$8×8-4×4×3.14÷2=38.88$

答え 38.88cm²

てびき 円の一部が使われている図形の面積を求めるには，円の半径をみつけることがポイントです。

36ページ まとめのテスト❶

1 ❶ 〔式〕 $5×5×3.14=78.5$ 答え 78.5cm²

❷ 〔式〕 $4÷2=2$

$2×2×3.14=12.56$ 答え 12.56cm²

2 ❶ 〔式〕 $6×6×3.14÷2=56.52$

答え 56.52cm²

❷ 〔式〕 $2×2×3.14÷4=3.14$

答え 3.14cm²

3 〔式〕 $8×8×3.14÷4-8×8÷2=18.24$

答え 18.24cm²

37ページ まとめのテスト❷

1 式 $5÷2=2.5$, $2.5×2.5×3.14=19.625$
答え $19.625\,cm^2$

2 ❶ 式 $4×4×3.14-8×8÷2=18.24$
答え $18.24\,cm^2$

❷ 式 $10×10-5×5×3.14=21.5$
答え $21.5\,cm^2$

3 ❶ 式 $25.12÷3.14÷2=4$　　答え $4\,cm$

❷ 式 $4×4×3.14=50.24$
答え $50.24\,cm^2$

てびき **2** ❷円の4分の1の形4つ分で，半径5cmの円の面積と同じになります。

7 場合の数

38ページ 基本のワーク

☆ ❶ 6
❷ 6, 24
答え ❶ 6　　❷ 24

1 6とおり
2 24とおり
3 ❶ 6とおり
❷ 式 $6×4=24$　　答え 24とおり

てびき 落ちや重なりがないように，うまく樹形図をかけるように練習しましょう。

39ページ 基本のワーク

☆ 8, 8, 16　　答え 16
1 8とおり
2 ❶ 8とおり
❷ 式 $8×2=16$　　答え 16とおり
3 16とおり

てびき **2** ❷ 左はしの○に青をぬったときも，❶と同じく8とおりあります。

40ページ 基本のワーク

☆ ❶ 3
❷ 3, 2, 6　　答え ❶ 3　　❷ 6
1 6本
2 3とおり
3 6とおり

てびき 並べ方では順番を問題にしますが，組み合わせでは順番は問題になりません。

41ページ 基本のワーク

☆ 10　　答え 10
1 10本
2 10とおり
3 15とおり

てびき 落ちや重なりがないように，図や表などを使いましょう。

42ページ 基本のワーク

☆ ❶ 3, 6
❷ 2, 4　　答え ❶ 6　　❷ 4
1 ❶ 6とおり
❷ 2とおり
2 ❶ 24とおり
❷ 6とおり
❸ 18とおり

てびき 5の倍数や偶数，奇数は一の位の数で決まります。まず，一の位がどんな数になるかを考えましょう。

43ページ 基本のワーク

☆ 3, 7, 14, 15, 6, 15　　答え 15
1 15とおり
2 15とおり
3 13とおり

てびき 落ちや重なりがないように，表にかいて考えましょう。

44ページ まとめのテスト❶

1 6とおり
2 16とおり
3 6とおり
4 5とおり
5 ❶ 2とおり　　❷ 2とおり

45ページ まとめのテスト❷

1 24とおり
2 32とおり
3 10とおり
4 ❶ 24とおり　　❷ 18とおり
5 15とおり

8 比

46ページ 基本のワーク

☆ 10, 5, 3 　　　　　　　　　　答え 5, 3
① 10 : 3
② 3 : 4
③ 5 : 3
④ 3 : 2

> **てびき**　比の両方の数に同じ数をかけたり，同じ数でわったりしてできる比は，すべて等しい比です。
> ① 100 : 30=(100÷10) : (30÷10)
> 　　　　　　＝10 : 3
> ② 480 : 640=(480÷160) : (640÷160)
> 　　　　　　＝3 : 4
> ③ 90 : 54=(90÷18) : (54÷18)
> 　　　　　＝5 : 3
> ④ 1000－600=400
> 　　600 : 400=(600÷200) : (400÷200)
> 　　　　　　＝3 : 2

47ページ 基本のワーク

☆ 2, 8, 8, 24 　　　　　　　　答え 24
① 式 54÷6=9, 7×9=63 　　　答え 63人
② 式 60÷5=12, 8×12=96 　　答え 96cm
③ 式 162÷9=18, 7×18=126
　　　　　　　　　　　　　　　答え 126円
④ 式 250÷5=50, 6×50=300
　　　　　　　　　　　　　　　答え 300mL

> **てびき**　1つの式にまとめることもできます。
> ① 54×$\frac{7}{6}$=63

48ページ 基本のワーク

☆ 5, 10 　　　　　　　　　　　答え 10
① 式 4+5=9, 36×$\frac{4}{9}$=16 　　答え 16枚
② 式 7+8=15, 900×$\frac{7}{15}$=420
　　　　　　　　　　　　　　　答え 420mL
③ 式 7+3=10, 2000×$\frac{3}{10}$=600
　　　　　　　　　　　　　　　答え 600円
④ 式 5+3=8, 1000×$\frac{3}{8}$=375 　答え 375g

> **てびき**　④ 全体を5:3に分けるとき，全体は5+3=8にあたります。1kg=1000gです。

49ページ 応用のワーク

☆ 5, 1440, 5, 960,
1440, 1040, 960, 560,
1040, 560, 13, 7 　　　　　　答え 13 : 7
① ❶ 式 3500×$\frac{4}{7}$=2000 　　答え 2000円
　 ❷ 式 3500－500=3000
　　　　2000+500=2500
　　　　3000 : 2500=6 : 5 　　答え 6 : 5
② 式 2000×$\frac{4}{5}$=1600, 2000－1600=400
　　1600－200=1400, 400+200=600
　　1400 : 600=7 : 3 　　　　答え 7 : 3
③ 式 80÷2=40, 40×$\frac{3}{8}$=15
　　40－15=25, 15+10=25
　　25+10=35, 25 : 35=5 : 7
　　　　　　　　　　　　　　　答え 5 : 7

50ページ まとめのテスト❶

1 式 80 : 50=8 : 5 　　　　　　答え 8 : 5
2 式 24×$\frac{4}{3}$=32 　　　　　　答え 32個
3 式 28×$\frac{2}{7}$=8 　　　　　　　答え 8個
4 式 140÷2=70, 70×$\frac{4}{7}$=40
　　70－40=30, 40×30=1200
　　　　　　　　　　　　　　　答え 1200cm²
5 式 3000×$\frac{5}{6}$=2500
　　3000－1000=2000
　　2500－1000=1500
　　2000 : 1500=4 : 3 　　　　答え 4 : 3

51ページ まとめのテスト❷

1 式 640 : 240=8 : 3 　　　　　答え 8 : 3
2 式 1200×$\frac{3}{4}$=900 　　　　答え 900g
3 式 1200×$\frac{5}{8}$=750 　　　　答え 750円
4 式 60×$\frac{3}{5}$=36, 36÷4=9 　　答え 9cm
5 式 36×$\frac{5}{9}$=20
　　36－20=16, 20－4=16
　　16－4=12, 16 : 12=4 : 3 　答え 4 : 3

9 拡大図と縮図

52ページ 基本のワーク

☆ ❶ G, D 　　❷ 3, 7.5

答え ❶ EH　　❷ 7.5

❶ 拡大図…㋔，縮図…㋑
❷ ❶ 角F　❷ 2.4cm
❸

てびき　❷ ❷㋑は㋐の $\frac{4}{5}$ 倍の縮図なので

$3 \times \frac{4}{5} = \frac{12}{5} = 2.4$

53 ページ　基本のワーク

☆ 答え

❶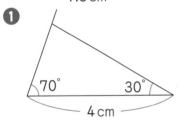

❷ ❶ 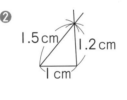　❷

❸ ❶ 1.4倍　❷ 55°　❸ 5.6cm

てびき　拡大図や縮図では，もとの図形と対応
する角の大きさは変わりません。
❸ ❸ $4 \times 1.4 = 5.6$

54 ページ　基本のワーク

☆ 答え ❶ 8　❷ 4
❶ ❶ 2.5cm　❷ 3cm
❷ ❶　❷
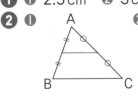 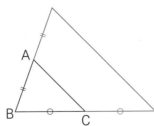

❸ ❶ 9cm　❷ 8cm

てびき　拡大図や縮図をかくときは，1つの辺
だけではなく，すべての辺を同じ割合で拡大，

縮小します。角の大きさはもとの図形と等しい
です。

55 ページ　基本のワーク

☆ 200, 200, 23.8　　答え 23.8
❶ 式 $30 \times 100 \div 10 = 300$
　$5.8 \times 300 \div 100 = 17.4$　答え 約 17.4m
❷ 式 $20 \times 100 \div 10 = 200$
　$18 \times 200 \div 100 = 36$　答え 約 36m
❸ ❶ $\frac{1}{50000}$
　❷ 式 $3.5 \times 50000 \div 100000 = 1.75$
　　　答え 約 1.75km

てびき　❸ ❶ 10km＝10000m＝1000000cm
だから，$\frac{20}{1000000} = \frac{1}{50000}$

🌱 **たしかめよう!**

1km＝1000m＝100000cm です。

56 ページ　まとめのテスト❶

1 拡大図…㋘，縮図…㋑
2 ❶ 角C　❷ 8.4cm
3 ❶ 1.5cm
　❷
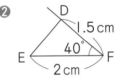
4 ❶ $\frac{1}{2000}$
　❷ 式 $4.5 \times 2000 \div 100 = 90$　答え 約 90m

57 ページ　まとめのテスト❷

1 ❶ 角A　❷ 4.2cm
2 ❶ 2.5倍　❷ 6cm
3 式 $30 \times 100 \div 10 = 300$
　$8.4 \times 300 \div 100 = 25.2$　答え 約 25m
4 ❶ 1：20000
　❷ 式 $300 \times 100 \div 20000 = 1.5$
　　　　　答え 1.5cm

てびき　1 ❷ $3 \times \frac{7}{5} = 4.2$
2 ❷ $4 \times 2.5 - 4 = 6$

10 角柱と円柱の体積

☆ 5, 3, 60　　　　　　　　　答え 60

❶ ❶ 式 12×5÷2×8=240　　　答え 240cm³
　❷ 式 (5+7)×8÷2×10=480
　　　　　　　　　　　　　　答え 480 cm³

❷ 式 3×4÷2×5=30　　　　　答え 30cm³

❸ 式 60÷12=5　　　　　　　答え 5cm

> **てびき**　見取図や展開図をみて, 底面と側面が
> わかるようにしましょう。

59 ページ **基本のワーク**

☆ 5, 5, 5, 6, 471　　　　　　答え 471

❶ ❶ 式 4×4×3.14×8=401.92
　　　　　　　　　　　　　答え 401.92cm³
　❷ 式 6×6×3.14×10=1130.4
　　　　　　　　　　　　　答え 1130.4cm³

❷ 式 2×2×3.14×3=37.68
　　　　　　　　　　　　　答え 37.68cm³

❸ ❶ 式 18.84÷3.14÷2=3
　　　　　　　　　　　　　答え 3cm
　❷ 式 3×3×3.14×4=113.04
　　　　　　　　　　　　　答え 113.04cm³

> **てびき**　❸ ❶ 側面となる長方形の横の長さと,
> 底面の円周が等しくなることから考えます。

60 ページ **応用のワーク**

☆ 《1》 3, 12, 10, 900
　《2》 10, 12, 900　　　　　答え 900

❶ 式 7×10×6−6×8÷2×6=276
　　　　　　　　　　　　　答え 276cm³

❷ 式 (4+10)×10÷2×10=700
　　　　　　　　　　　　　答え 700cm³

❸ 式 6×6×3.14×8÷2=452.16
　　　　　　　　　　　　　答え 452.16cm³

> **てびき**　見取図から, 底面の形と高さを読み取
> れるようにしましょう。

61 ページ **応用のワーク**

☆ 10, 5×5×3.14×10, 215　　答え 215

❶ 式 6×6×6+3×3×3.14×(10−6)
　　　=329.04　　　　　　　答え 329.04cm³

---

　❷ 式 8×2=16
　　　8×16×10−4×4×3.14×10×2
　　　=275.2　　　　　　答え 275.2cm³

　❸ 式 6×6×3.14×10−12×12÷2×10
　　　=410.4　　　　　　答え 410.4cm³

> **てびき**　❸ 正方形の対角線の長さが 12cm の
> とき, 面積は 12×12÷2 で求められます。

62 ページ **まとめのテスト❶**

❶ ❶ 式 4×8÷2×10=160　　答え 160cm³
　❷ 式 12×6×8=576　　　　答え 576cm³

❷ 式 5×5×3.14×16=1256
　　　　　　　　　　　　答え 1256cm³

❸ 式 (4+7)×6÷2×3=99　　答え 99cm³

❹ 式 10×15×20−4×15÷2×20=2400
　　　　　　　　　　　　答え 2400cm³

> **てびき**　❹ 次のように求めることもできます。
> 《1》 (10×15−4×15÷2)×20=2400
> 《2》 (6+10)×15÷2×20=2400

63 ページ **まとめのテスト❷**

❶ ❶ 式 10×6×4=240　　　答え 240cm³
　❷ 式 31.4÷3.14÷2=5
　　　5×5×3.14×8=628
　　　　　　　　　　　　答え 628cm³

❷ ❶ 式 42÷12=3.5　　　　答え 3.5cm²
　❷ 式 628÷78.5=8　　　　答え 8cm

❸ 式 30÷2=15, 24−15=9
　　　15×9÷2×20×2+15×30×20
　　　=11700　　　　　　答え 11700cm³

❹ 式 6×6×10+3×3×3.14×10×4
　　　−3×3×3.14×10=1207.8
　　　　　　　　　　　　答え 1207.8cm³

> **てびき**　❹ 底面が 1 辺 6cm の正方形で高さ
> が 10cm の四角柱の体積と, 底面の半径が
> 3cm で高さが 10cm の円柱 4 つ分の体積の
> 和から, 底面の半径が 3cm で高さが 10cm
> の円柱 1 つ分の体積をひきます。

11 およその面積と体積

64 ページ 基本のワーク

☆ 12, 6, 66　　　　　　　　　　答え 66

❶ 式 1×29＋0.5×25＝41.5

　　　　　　　答え 約 41.5cm²

❷ 式 40×18÷2＝360　　答え 約 360cm²

❸ 式 (18＋22)÷2＝20
　　　20×20×12＝4800

　　　　　　　答え 約 4800cm³

> **てびき** ❸ 18cm と 22cm の間をとって、縦と横が 20cm の直方体と考えます。

65 ページ まとめのテスト

1 式 1×23＋0.5×32＝39　　答え 約 39cm²

2 式 9×5÷2＝22.5　　　　答え 約 22.5cm²

3 式 22×12＝264　　　　　答え 約 264cm²

4 式 (2＋4)÷2＝3
　 (19＋21)÷2＝20
　 8×20×3＝480　　　　　答え 約 480m³

> **てびき** 4 横の長さは、19m と 21m の間をとって、20m と考えます。

12 比例

66 ページ 基本のワーク

☆ ❶ 330, 440, 550

答え

灯油の量 x(L)	1	2	3	4	5
代金　　y(円)	110	220	330	440	550

❷ 2, 3　　　　　　答え 比例するといえる。

❶
面積　x(m²)	1	2	3	4	5
重さ　y(kg)	5	10	15	20	25

❷ ❶
時間　x(分)	1	2	3	4	5
水の量 y(L)	4	8	12	16	20

❷ 比例するといえる。

❸ ㋐, ㋒

> **てびき** ❸ ㋐ $y=80×x$　㋑ $y=x×x$
> ㋒ $y=50×x$　㋓ $y=24−x$

67 ページ 基本のワーク

☆ ❶ 2, 2

答え
カップ x(はい)	1	2	3	4	5
油の量 y(dL)	2	4	6	8	10
$y÷x$ の値	2	2	2	2	2

❷ 2, 2　　　　　　　答え $y=2×x$

❶ ❶
時間　　x(分)	1	2	3	4	5
水の深さ y(cm)	3	6	9	12	15
$y÷x$ の値	3	3	3	3	3

❷ $y=3×x$

❷ ❶ 式 8×1＝8, 8×3＝24, 8×9＝72
　　　　　　　　　　　答え 8, 24, 72

❷ 式 16÷8＝2, 36÷8＝4.5　答え 2, 4.5

❸ ❶ $y=40×x$

❷ 式 40×15＝600　　　　　答え 600円

> **てびき** y が x に比例するときは、式は必ず $y=($決まった数$)×x$ と表せます。

68 ページ 基本のワーク

☆ ❶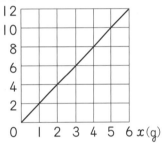

❷ 2, 2, 7　　　　　　　　　答え 7

❶ ❶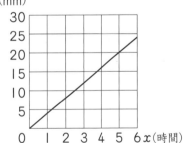

❷ 式 4×7＝28　　　　　　　答え 28mm

❷ ❶ $y=4×x$

❷ 式 32÷4＝8　　　　　　　答え 8

> **てびき** ❷ ❶ グラフから、x の値が 5 のとき、y の値が 20 となっていることがわかります。

69 ページ 基本のワーク

☆ 2.5, 2.5, 1500　　　　　　答え 1500

❶ 式 160÷2＝80, 80×7＝560

　　　　　　　　　　　答え 560円

② 式 1800÷18=100, 100×5=500

答え 500円

❸ **①** 式 35÷10=3.5, 20×3.5=70

答え 70分

② 式 20÷10=2, 45÷2=22.5

答え 22.5m²

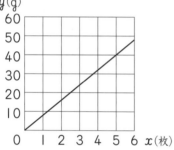

てびき まず，表をかいて値を整理しましょう。

② 次のように計算することもできます。

$5÷18=\dfrac{5}{18}$, $1800×\dfrac{5}{18}=500$

1 **①**

本数 x(本)	1	2	3	4	5
代金 y(円)	90	180	270	360	450

② 比例するといえる。

2 **①**

時間 x(分)	1	2	3	4	5
水の量 y(cm³)	20	40	60	80	100

② $y=20×x$

3 **①** y(g)

(グラフ：縦軸 10〜60、横軸 x(枚) 0〜6 の直線)

② 式 8×4=32

答え 32g

4 式 10÷5=2, 2×12=24

答え 24kg

1 ㋐, ㋒, ㋔

2 **①** $y=300×x$

② 式 300×5.5=1650

答え 1650円

3 **①** y(g)

(グラフ：縦軸 100〜600、横軸 x(cm³) 0〜500 の直線)

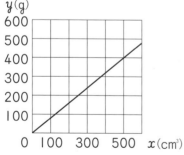

② 式 80÷100=0.8, 480÷0.8=600

答え 600cm³

4 式 120÷5=24, 24×7=168

答え 168個

---

13 反比例

☆ **❶** 8, 6, 4

答え
縦の長さ x(cm)	1	2	3	4	6
横の長さ y(cm)	24	12	8	6	4

② $\dfrac{1}{2}$, $\dfrac{1}{3}$ 答え 反比例するといえる。

❶

値段 x(円)	10	20	40	50	80
枚数 y(枚)	80	40	20	16	10

❷ **①**

1分間の水の量 x(cm³)	10	20	30	40	50
かかる時間 y(分)	60	30	20	15	12

② 反比例するといえる。

❸ ㋑, ㋔

てびき **❸** 式で表すと，次のようになります。

㋐ $y=400×x$ 　　㋑ $y=400÷x$

㋒ $y=x×x$ 　　㋔ $y=40÷x$

☆ **❶** 100, 100

答え
時速 x(km)	10	20	40	50	80
時間 y(時間)	10	5	2.5	2	1.25
$x×y$ の値	100	100	100	100	100

② 100, 100

答え $y=100÷x$

❶ **①**

底辺 x(cm)	1	2	4	5	10
高さ y(cm)	20	10	5	4	2
$x×y$ の値	20	20	20	20	20

② $y=20÷x$

❷ **①** 式 $y=16÷x$

16÷1=16, 16÷4=4, 16÷8=2

答え 16, 4, 2

② 式 $x=16÷y$

16÷2=8, 16÷10=1.6

答え 8, 1.6

❸ **①** $y=60÷x$

② 式 60÷4=15

答え 15

てびき y が x に反比例するときは，式は必ず $y=$(決まった数)÷x と表せます。

☆ ❶ y(cm)

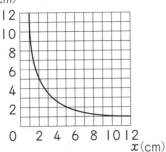

　❷ 10, 10, 1.25　　　　　答え 1.25

❶ ❶ y(分)

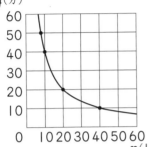

　❷ 式 400÷4＝100　　　答え 100

❷ y＝12÷x

❸ 式 120×5＝600，600÷8＝75
　　　　　　　　　　　　答え 75cm

てびき ❷ グラフから，x の値が 2 のとき，y
の値が 6 だから，x×y＝12 です。

❶ ❶

人数　　x(人)	2	5	10	25
1人の個数 y(個)	25	10	5	2

　❷ 反比例するといえる。

❷ ❶ y＝2400÷x
　❷ 式 2400÷50＝48　　　答え 48

❸ ❶ y(cm)

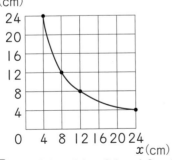

　❷ 式 4×24＝96，96÷10＝9.6
　　　　　　　　　　　　答え 9.6

❹ 式 0.5×18＝9，9÷20＝0.45
　　　　　　　　　　　　答え 0.45L

14 データの整理

☆ ❶ 4, 6, 13
　❷ 40, 45, 5, 9, 5, 9
　　　　　　答え ❶ 13　❷ 5, 9

❶ ❶ 式 (4＋3＋5＋5＋3＋1＋8＋3＋4)÷9
　　　　＝4
　　　　　　　　　　　　答え 4回

　❷ 4回　❸ 3回

❷ ❶ 10人　❷ 8番目

てびき ❶❷❸少ない順に並べると，1，3，3，
3，4，4，5，5，8 なので，少ないほうから
5 番目の 4 回が中央値，もっとも多い 3 回が
最頻値になります。
❷❷学習時間が 20 分の人は，表の 20 分以上
30 分未満の階級のいちばん時間が少ない人で
す。

☆ ❶ 140, 145
　❷ 14, 36, 14, 11, 60, 36, 60, 60
　　　　　答え ❶ 140, 145　❷ 60

❶ 式 32.2×15＝483，18.9×20＝378
　　　15＋20＝35
　　　(483＋378)÷35＝24.6　答え 24.6m

❷ ❶ 60点以上 70点未満
　❷ 式 5＋9＋7＋4＋2＝27
　　　27÷36×100＝75　　答え 75%

てびき ❶ A 班と B 班の人数がちがうので，A
班の記録の平均値と B 班の記録の平均値をた
して 2 でわっても，正しい答えにならないこ
とに注意しましょう。
(32.2＋18.9)÷2＝25.55

❶ ❶ 式 (8＋4＋9)÷3＝7　　答え 7点
　❷ 式 (10＋6＋8)÷3＝8　　答え 8点
　❸ 式 (7×3＋8×3)÷6＝7.5　答え 7.5点

❷ ❶ 4冊　❷ 2冊

❸ ❶ 35m以上 40m未満
　❷ 式 2＋5＋6＋3＋2＝18
　　　6＋3＝9
　　　9÷18×100＝50　　答え 50%

79ページ まとめのテスト❷

1 ❶ 式 1+3+5+6+3+2=20
6+3+2=11
11÷20×100=55　　　　答え 55％

❷ 式 2+3+1=6, 2+3+6=11
　　　　答え 6人目から11人目

2 ❶ 式 72.5×16=1160　　　答え 1160点
❷ 式 74.3×20=1486, 16+20=36
(1160+1486)÷36=73.5
　　　　答え 73.5点

3 ❶ 15分以上20分未満
❷ 式 3+6+12+8=29
29÷40×100=72.5　　答え 72.5％
❸ 式 2+1+1=4, 2+1+2=5
　　　　答え 4人目から5人目

15 量の単位

80ページ 基本のワーク

☆ ❶ m²　　❷ m　　❸ g
❹ km　　❺ L　　❻ cm

❶ ㋐ $\frac{1}{1000}$　　㋑ cm　　㋒ kg
㋓ ha　　㋔ dL

❷ ❶ km²　　❷ kg　　❸ L
❹ kg　　❺ m　　❻ mm

81ページ 基本のワーク

☆ ❶ 1000, 0.43　　　　答え 0.43
❷ 10000, 80000　　　答え 80000
❸ 100, 2.8　　　　　答え 2.8
❹ 100, 400　　　　　答え 400
❺ 1000, 5.43　　　　答え 5.43
❻ 1000000, 50000　　答え 50000

❶ ㋐ a　㋑ 10000　㋒ 100　㋓ 1000000
❷ ㋐ 1000　㋑ dL　㋒ 10　㋓ 1000
㋔ 1000
❸ ❶ 400m　❷ 0.6m　❸ 0.034m²
❹ 20000a　❺ 870cm³　❻ 0.63m³

てびき 面積や体積の単位どうしの関係を，長さとの関係から求められるようにしましょう。

82ページ 基本のワーク

☆ ❶ 1000, 0.2　　　　答え 0.2
❷ 1000, 0.54　　　　答え 0.54
❸ 1000, 38　　　　　答え 38

❶ ㋐ kL　㋑ 100　㋒ 1000　㋓ 1000
㋔ 1000
❷ ❶ 350　❷ 400, 0.4
❸ 0.18　❹ 0.45

てびき 水の体積と重さの関係を，ここでまとめておきましょう。

83ページ まとめのテスト

1 ❶ m　❷ cm　❸ kg　❹ t　❺ m²　❻ km²
2 ㋐ $\frac{1}{1000}$　㋑ $\frac{1}{100}$　㋒ 1000　㋓ cm
㋔ mg　㋕ kL
3 ❶ 10000　　　　❷ 0.000001
❸ 1000000, 1000　❹ 1000, 0.001
4 ❶ 180mm　　❷ 800000m²
❸ 2000L　　　❹ 0.0058m³
5 ❶ 800　❷ 500

16 いろいろな文章題

84ページ 応用のワーク

☆ 700, 4600, 700, 3900
　　　　答え 4600, 3900

❶ 式 (20+4)÷2=12
(20-4)÷2=8　または，12-4=8
　　　　答え 12, 8

❷ 式 (186+12)÷2=99
(186-12)÷2=87
または，99-12=87
　　　答え りんご…87個，みかん…99個

❸ 式 (1340+140+180+140)÷3=600
　　　　答え 600円

てびき ❸ 3つ以上の量についての和差算でも，数直線をかくとわかりやすいです。

85ページ 応用のワーク

☆ 8, 8, 14, 14, 6　　　　答え 6
❶ 式 (41-13)÷(2-1)=28
28-13=15　　　　答え 15年後
❷ 式 (35-11)÷(5-1)=6
11-6=5　　　　　答え 5年前

14

❸ 式 {32×2−(7+3)}÷(2×2−1)=18
{18−(7+3)}÷2=4

答え 4年後

てびき 線分図をかくときは、●倍を表す数と、実際の数とを区別するために、2倍なら②のように○をつけるとわかりやすくなります。

86 ページ 応用のワーク

☆ 200, 200, 2, 600, 600, 1400

答え 1400, 600

❶ 式 (23+5)÷(3+1)=7
7×3−5=16 または, 23−7=16

答え 16, 7

❷ 式 4m=400cm
(400+50)÷(1+4)=90
90×4−50=310
または, 400−90=310

答え 90cmと310cm

❸ 式 (2500−300+200)÷(1+2+3)=400,
400×2+300=1100
400×3−200=1000
または, 2500−400−1100=1000

答え A…1100円, B…400円, C…1000円

てびき ❸ Bの金額を①として、AやCは何円たしたりひいたりすれば2倍、3倍になるかを考えます。

87 ページ 応用のワーク

☆ ❶ 6, 5, 6, 5, 8
❷ 8, 50 答え ❶ 8 ❷ 50

❶ 式 (16+44)÷(20−15)=12
15×12+16=196 答え 196枚

❷ 式 (17−3)÷(6−4)=7
4×7−3=25 答え 25冊

❸ 式 4+(4−2)=6
(3+6)÷(4−3)=9, 3×9+3=30

答え 30人

てびき ❸ 長いすに4人ずつ座ったときは、6人分の座席があまったと考えます。

88 ページ 応用のワーク

☆ 1800, 1800, 3000 答え 3000

❶ 式 450÷(1−1/4)=600
600÷(1−1/3)=900 答え 900mL

❷ 式 (36+8)÷(1−1/3)=66
(66+6)÷(1−1/4)=96 答え 96ページ

❸ 式 1−1/3−1/2=1/6, (7−2)÷1/6=30

答え 30個

てびき ❸
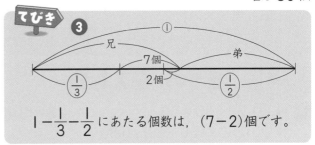
1−1/3−1/2 にあたる個数は、(7−2)個です。

89 ページ 応用のワーク

☆ 750, 1500, 1500, 50, 12.5, 12.5, 625

答え 625

❶ 式 (240+900)×2=2280
2280÷(60+180)=9.5
60×9.5=570, 570−240×2=90

答え 家から東に90mのところ

❷ 式 1.2km=1200m
1200÷(210−160)=24 答え 24分後

てびき ❶ 2人がすれちがうまでに進む道のりの和は、(240+900)×2=2280(m)
2人がすれちがうまでにかかる時間は、
2280÷(60+180)=9.5(分)
姉がすれちがうまでに歩いた道のりは、
60×9.5=570(m)となるので、
570−240×2=90(m)
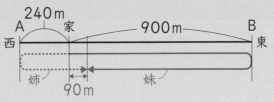

90 ページ まとめのテスト❶

① 式 (2800−400)÷2=1200 答え 1200円

② 式 (44−12)÷(3−1)=16
16−12=4 答え 4年後

③ ❶ 式 (25+35)÷(16−12)=15 答え 15人
❷ 式 12×15+25=205 答え 205個

④ 式 2/5+5/8−1=1/40 (5−2)÷1/40=120

答え 120人

⑤ 式 1800×2÷(185+55)=15
55×15=825 答え 825m

[てびき] [4]

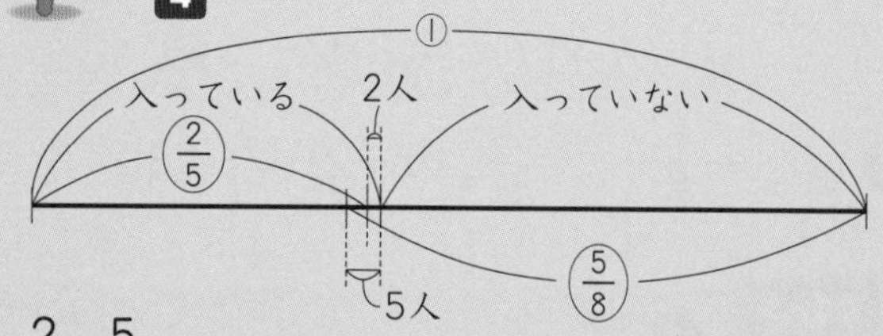
①
入っている
2人
入っていない
$\frac{2}{5}$
$\frac{5}{8}$
5人

$\frac{2}{5}+\frac{5}{8}-1$ にあたる人数は(5−2)人です。

91ページ まとめのテスト❷

[1] ❶ [式] $20+30=50$ 答え 50g

❷ [式] $250-(50+20)=180$

$180\div3=60$ 答え 60g

[2] [式] $320\div2=160$

$(160+20)\div4=45$

$45\times3-20=115$ 答え 115cm

[3] [式] $(50-2)\div(20-18)=24$

$20\times24-50=430$ 答え 430枚

[4] [式] $60\div\left(1-\frac{4}{9}\right)=108$

$108\div\left(1-\frac{3}{5}\right)=270$ 答え 270cm

[5] [式] $1500\div(85+65)=10$ 答え 10分後

[てびき] [4]

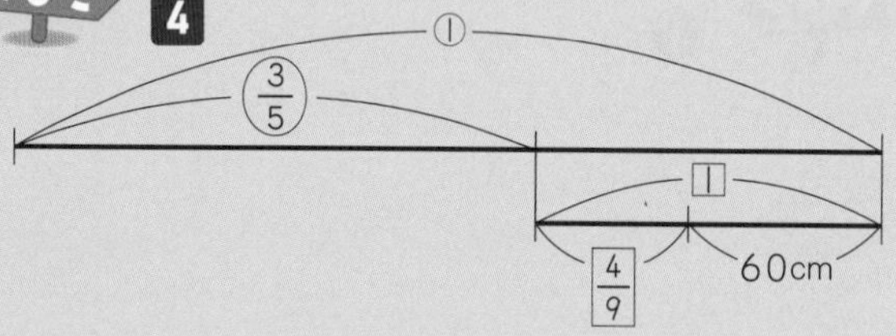
①
$\frac{3}{5}$
[1]
$\frac{4}{9}$
60cm

6年のまとめ

92ページ まとめのテスト❶

[1] ❶ ㋐, ㋑, ㋓ ❷ ㋓ ❸ ㋐

[2] ㋒

[3] [式] $3\frac{1}{3}\times6=20$ 答え 20m²

[4] [式] $\frac{21}{2}\div\frac{5}{3}=\frac{63}{10}$

$\frac{63}{10}\times\frac{8}{9}=\frac{28}{5}$ 答え $\frac{28}{5}\left(5\frac{3}{5}\right)$m²

93ページ まとめのテスト❷

[1] ❶ [式] 3分24秒$=3\frac{24}{60}$分$=\frac{17}{5}$分

答え $\frac{17}{5}\left(3\frac{2}{5}\right)$分

❷ [式] $\frac{17}{4}$時間$=4\frac{1}{4}$時間

$\frac{1}{4}\times60=15$ 答え 4時間15分

[2] [式] 1時間24分$=1\frac{2}{5}$時間

$3\frac{4}{7}\times1\frac{2}{5}=5$ 答え 5km

[3] [式] $\frac{4}{5}\div\frac{8}{11}=\frac{11}{10}$ 答え $\frac{11}{10}\left(1\frac{1}{10}\right)$L

[4] [式] $6\times6-6\times6\times3.14\div4-2\times2\times3.14$
$\div4=4.6$ 答え 4.6cm²

[5] ❶ [式] $5200\times\frac{7}{13}=2800$ 答え 2800円

❷ [式] $5200-2800=2400$

$2800-800=2000$

$2400+800=3200$

$2000:3200=5:8$ 答え 5:8

94ページ まとめのテスト❸

[1] ❶ 3倍 ❷ 6cm

[2] [式] 100m=10000cm,

$5\div10000=\frac{1}{2000}$

$12.5\times2000\div100=250$ 答え 250m

[3] [式] $6\times8\div2\times3=72$ 答え 72cm³

[4] [式] $12\div2=6$

$6\times6\times3.14\times15\div2=847.8$

答え 847.8cm³

[5] [式] $(8+16)\times10\div2=120$ 答え 約120m²

95ページ まとめのテスト❹

[1] ❶ $y=3\times x$ ❷ 12 ❸ 5

[2] [式] $120\times8=960$, $960\div5=192$

答え 192mL

[3] ❶ 24とおり ❷ 17とおり

❸ 12とおり

[4] 10とおり

96ページ まとめのテスト❺

[1] ❶ [式] $(8+4+2+1)\div20\times100=75$

答え 75%

❷ 4個目から7個目のはんい

[2] ❶ 26 ❷ 0.48 ❸ 8000 ❹ 1.8

[3] ❶ 0.024 ❷ 720

[4] [式] $80\div2=40$

$(40+8)\div2=24$

$24-8=16$

答え 辺AB 16cm 辺BC 24cm

[5] [式] $200\div\left(1-\frac{3}{4}\right)=800$

$800\div\left(1-\frac{2}{3}\right)=2400$ 答え 2400円

3 2 1 0 9 8 7 6 5 4
＊ ＊ D C B A